はじめに

「中学数学が
30分で
得意になれる」

と言ったら、
信じてもらえますか?

私、中学校時代、国語や英語はそこそこできたんですが、数学だけは苦手でした (^_^;

 実際、あなたのような人が多いんですよ。がんばって勉強しているのに、成果に結びつかないという人が。

 それ以来、いまだに数学嫌いで……。やっぱり算数が数学になると一気にむずかしくなるからですか？

 いやいや、本当はそんなことはないんです。数学には**「"これだけ"覚えれば誰でも必ずできるようになる」というポイントがあります。**

ロールプレイングゲームで言うところの「強いアイテム」です。そのアイテムを持っていないと、いくらがんばっても無駄な努力を続けてしまうことになるのです。

 ということは、そのアイテムを手に入れていたら、私も数学が得意になれたってことですか？

 そのとおりです。

 そのアイテムってなんですか？

 この本の中にある、
見るだけでわかる〈これだけ魔法〉です。

 ホントですか？　私は方程式の計算はできたんですが、文章題が苦手でした。〈これだけ魔法〉で得意になれますか？

もちろん！ 30分で得意になれます。

具体例で説明しましょう。たとえば、こんな問題が出題されたとします。

─〈例題〉─

> ある数を 4倍して 3を加え
> その数を2倍してから7を引くと
> 23になりました。
> ある数はいくつでしょうか？

こんなときに、なかなか方程式が立てられない生徒に向かって、

問題文をよく読んで
しっかり考えてみよう！

なんて言う先生に教わると、
生徒はいっぺんに方程式が苦手になります。

 うちの中学の先生はそうだったかも……

 そうでしょうね（笑）。こういった方程式の文章題の〈これだけ魔法〉は「問題文の書きこみ方式」です。

求めるもの（=ある数）をXとおいて、わかるところをすべてメモ書きする

これだけ！

<u>ある数を</u>　<u>4倍して</u>　<u>3を加え</u>
　X　　　　4X　　　　4X＋3

<u>その数を2倍してから7を引くと</u> 23になりました。
　2(4X＋3)　　2(4X＋3)−7

$$2(4X+3) - 7 = 23$$
$$X = 3$$

もう機械的に方程式ができちゃう。考えなくても解き方がわかってしまうんです。

なるほど！ 考えずにできるのがいいですね！ じゃあ、関数とか図形の証明とかにも〈これだけ魔法〉があるんですか？

もちろんです。図形の証明で説明しましょう。図形の証明の〈これだけ魔法〉は次の3つの手順を覚えることです。

手順1 仮定を図に書きこむ
手順2 「対頂角」と「共通」を書きこむ
手順3 証明を書く

これだけ！

（例題）

EC＝2AC、
DC＝2BCのとき（ならば）
△ABC∽△EDCを
証明してください

※∽は相似の記号です。

手順1
仮定を
図に書きこむ

手順2
「対頂角」と
「共通」を
図に書きこむ

※この問題では「共通」はありません。

手順3
証明を書く

△ABCと△EDCについて
AC：EC＝BC：DC＝1：2（仮定）
∠ACB＝∠ECD（対頂角）
2組の辺の比とその間の角が等しいので
△ABC∽△EDC

たったこれだけ。ただ「証明を書いてください」と言われた場合と、「この手順」にしたがって証明を書いてください」と言われた場合とでは、むずかしさがまったく変わってきます。

たしかに……。ポイントさえつかめば数学って簡単なんだ、そんな気がしてきました (^_^)

そうなんです。もう1つ付け加えるとすれば、

学ぶ順番でも理解のしやすさが変わってきます。

順番というと…?

たとえば、いまの中学数学のカリキュラムだと、1年で「比例」「反比例」をやって、2年になって「1次関数」、3年で「$y=aX^2$」を学ぶんですが、これだと「比例」「反比例」を忘れたころに「1次関数」を勉強し、「1次関数」を忘れたころに「$y=aX^2$」をやることになるので、効率がえらく悪いんですよ。

なるほど。

攻略法は同じなので、この本のように「比例」「反比例」→「1次関数」→「$y=aX^2$」と一気にまとめてやるほうが効率的。いっぺんに理解できて、ストン！と頭に入るんです。

中学数学を学びなおしたい大人も、現役の中学生も、あるいは就活対策の大学生も、

この本の順番どおりに〈これだけ魔法〉を覚えていくのがいい

ってことですね?

そうです! ぜひ、みなさんも本書を「見て」学びながら、中学校の数学ってこんなに簡単で面白いものだったんだ、と感じてほしいなと思ってます。

さあ、では
見るだけでストン! と頭に入る
中学数学
のスタートです!

この本の使い方

この本では、中学校3年間で習う数学のエッセンスを
これだけ押さえておけばいいポイント＝＜これだけ魔法＞
にしぼって、コンパクトに一冊にまとめています。
見てすぐわかる工夫をしていますので、
中学数学の要点がストン！と頭に入ってきます。

中学数学の教科書に準じたテーマです。

❷ 折れ線には補助線

平行線と角

❶ 平行線と折れ線がある場合、平行線を補助線として書き入れます。

■補助線とは

例題）∠aの角度を求めるには？

❷ 平行線を補助線として入れます！

補助線

∠a＝30°＋40°＝70°　と求めることができます

フクロウ先生が大事なポイントをアドバイスしてくれます。

❸ 練習2）m∥nのとき∠xを求めてください。

練習1の答え

補助線

∠x＝180°－60°
　　＝120°

テーマはここにも出ています。

CHAPTER 15　平行線と角

① それぞれのテーマの＜これだけ魔法＞です。これを頭に入れて問題にあたるだけで、解答への道すじが見えてきます。

② それぞれのテーマの代表的な問題の＜これだけ魔法＞を、目で見てわかる図解を多く使って解説しているので、誰でもパッと理解できます。

③ 各テーマには必ず練習問題がついています。＜これだけ魔法＞を手に入れたあなたは、あっという間に解き方が頭に浮かぶはずです。

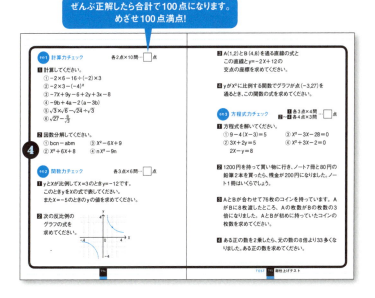

ぜんぶ正解したら合計で100点になります。
めざせ100点満点！

④ この本の最後には、「総仕上げテスト」があります。この本で＜これだけ魔法＞を知ったあなたなら、100点満点も夢じゃない！中学校3年間の数学の総復習として、ぜひチャレンジしてみてください！

見るだけでストン！と頭に入る中学数学

目 次

はじめに ……………………………………………… 3
この本の使い方 …………………………………… 10

CHAPTER 1 正の数と負の数

- その1 足し算と引き算 ……………………… 20
- その2 3数以上の足し算と引き算 ………… 22
- その3 掛け算と割り算 ……………………… 24
- その4 四則の計算 …………………………… 26

CHAPTER 2 文字式

- その1 省略する ……………………………… 29
- その2 省略しない …………………………… 31
- その3 仲間をまとめる ……………………… 33
- その4 （　　）をはずす …………………… 35
- その5 式の値 ………………………………… 37

CHAPTER 3 1次方程式

- その1 $7x=-42$の解き方 ………………… 40

- その2 $3x-2=-2x+8$ の解き方 ······ 42
- その3 $4x-(2x-3)=1$ の解き方 ······ 44
- その4 $\dfrac{x}{3}=\dfrac{x}{4}-2$ の解き方 ······ 46
- その5 $0.4x-0.6=0.2x$ の解き方 ······ 48
- その6 文章題は問題文書きこみ方式で ······ 50

CHAPTER 4 連立方程式

- その1 縦書き計算 ······ 54
- その2 簡単な加減法 ······ 56
- その3 複雑な加減法 ······ 58
- その4 代入法 ······ 60
- その5 文章題は問題文書きこみ方式で ······ 62
- その6 速さ・時間・道のりは図書きこみ方式で ······ 66

CHAPTER 5 因数分解と展開

- その1 $ma+mb=m(a+b)$ ······ 71
- その2 $x^2+(a+b)x+ab=(x+a)(x+b)$ ······ 73

- その3 $x^2+2ax+a^2=(x+a)^2$
  $x^2-2ax+a^2=(x-a)^2$ ……… 75
- その4 $x^2-a^2=(x+a)(x-a)$ ……… 77
- その5 $mx^2+m(a+b)x+mab$
  $=m(x+a)(x+b)$ ……… 79

CHAPTER 6 平方根

- その1 平方根とは? ……… 82
- その2 さしあたり$\sqrt{}$と$-\sqrt{}$ ……… 84
- その3 平方根の掛け算 ……… 86
- その4 平方根の割り算 ……… 88
- その5 分母の有理化 ……… 90
- その6 平方根の加減 ……… 92
- その7 平方根の四則 ……… 94

CHAPTER 7 三平方の定理

- その1 $a^2+b^2=c^2$ ……… 97

見るだけでストン！と頭に入る中学数学　目次

CHAPTER 8　2次方程式

- その1　2次方程式を平方根で解く …… 100
- その2　2次方程式を因数分解で解く …… 102
- その3　2次方程式を解の公式で解く …… 104
- その4　2次方程式の文章題 …… 106

CHAPTER 9　比例

- その1　比例とは …… 111
- その2　比例の式 …… 113
- その3　比例の文章題 …… 115
- その4　比例のグラフ …… 117

CHAPTER 10　反比例

- その1　反比例とは …… 120
- その2　反比例の式 …… 122
- その3　反比例の文章題 …… 124
- その4　反比例のグラフ …… 126

CHAPTER 11　1次関数

- その1　1次関数とは　　129
- その2　1次関数のグラフ　　130
- その3　傾きaを計算する　　132
- その4　1次関数の式を求める　　134
- その5　2直線の交点を求める　　136

CHAPTER 12　関数 $y = ax^2$

- その1　$y=ax^2$ のaを求める　　139
- その2　$y=ax^2$ のグラフ　　141

CHAPTER 13　おうぎ形の弧の長さと面積

- その1　弧の長さと面積の計算　　144

CHAPTER 14　多角形の角

- その1　多角形の内角と外角　　147

見るだけでストン！と頭に入る中学数学　**目　次**

CHAPTER 15　平行線と角

- その1　同位角・錯角は等しい ……… 150
- その2　折れ線には補助線 ……… 152

CHAPTER 16　二等辺三角形

- その1　二等辺三角形は2辺が等しい三角形 ……… 155

CHAPTER 17　三角形の合同

- その1　共通な辺と角 ……… 158
- その2　三角形の合同条件 ……… 160
- その3　三角形の合同の証明 ……… 162

CHAPTER 18　三角形の相似

- その1　三角形の相似条件 ……… 166
- その2　三角形の相似の証明 ……… 169

CHAPTER 19 円周角と相似

- その1 円周角の計算 ———— 174
- その2 円周角と相似の証明 ———— 177

CHAPTER 20 平行四辺形と証明

- その1 平行四辺形の性質 ———— 181
- その2 平行四辺形と証明 ———— 183

CHAPTER 21 確率

- その1 1つのときの確率 ———— 187
- その2 2つのときの確率 ———— 189

総仕上げテスト ———— 193

本文デザイン・DTP ……………… orangebird
カバー写真 ……… 927 Creation/Shutterstock.com
本文イラスト ……………………… 嘉戸享二

CHAPTER 1

正の数と負の数

その1 正の数と負の数

足し算と引き算

足し算・引き算と見ないで
「＋」は得点、「－」は失点と見ます。

■ 失点どうしの計算

$$-8-20=-28$$

とは

-8	-20	$=$	-28
失点 8点	失点 20点	で	失点 28点

失点と失点で
失点が増える
感じです

■ 失点と得点の計算

$$-18+10=-8$$

とは

失点が多いと「－」

-18	$+10$	$=$	$-$	$(18-10)=-8$
失点 18点	得点 10点	で	失点 が	これだけ 上回る

失点と得点のどちらが
どれだけ残るか考えます

$$-3+8=5$$

とは

| -3 | $+8$ | $=$ | $+$ | $(8-3)=+5$ |

得点が多いと「+」

失点 と 得点 で 得点 これだけ
3点　　8点　　　が　　上回る

練習1 計算してください。

❶ $-12-36$

❷ $-2.5-4.2$

❸ $-54+23$

❹ $-25.2+35.4$

練習1の答え

❶ $\boxed{-12} \ \boxed{-36} = -48$
　　と　　で

❷ $\boxed{-2.5} \ \boxed{-4.2} = -6.7$
　　と　　で

❸ $\boxed{-54} \ \boxed{+23} = -(54-23) = -31$
　　と　　で　　　失点がこれだけ
　　　　　　　　　上回る

❹ $\boxed{-25.2} \ \boxed{+35.4} = +(35.4-25.2) = +10.2$
　　と　　で　　　　得点がこれだけ
　　　　　　　　　　上回る

CHAPTER 1　正の数と負の数

その2 正の数と負の数

3数以上の足し算と引き算

まず得点（＋）と失点（－）をまとめます。

たとえば

$-4+8-12+9$

$= \boxed{-4-12+8+9}$

まず得点と失点をまとめる

$= -16+17$
$= +(17-16)$
$= +1$

練習2 **計算してください。**

❶ $-12-26+45-7$

❷ $3.5-2.8+5.4-1.1$

❸ $-13+15+32-42-8$

練習2の答え

❶ $-12-26+45-7$
$=-12-26-7+45$
$=-45+45$
$=0$

❷ $3.5-2.8+5.4-1.1$
$=3.5+5.4-2.8-1.1$
$=8.9-3.9$
$=+5$

❸ $-13+15+32-42-8$
$=-13-42-8+15+32$
$=-63+47$
$=-(63-47)$
$=-16$

CHAPTER 1　正の数と負の数

その3 正の数と負の数

掛け算と割り算

**負の数が偶数なら答えの符号は「＋」、
負の数が奇数なら答えの符号は「－」。**

■ 負の数が偶数の場合は

$$-3 \times (-4) \times 2 = +24$$

- 負の数 ❶
- 負の数 ❷

負の数が2個＝偶数なので

符号は ＋

■ 負の数が奇数の場合は

$$-2 \times 6 \div (-3) \times (-5) = -20$$

- 負の数 ❶
- 負の数 ❷
- 負の数 ❸

符号は －

負の数が3個＝奇数なので

掛け算・割り算
（あるいはその混ざった計算）では、
答えの符号は
負の数を数えて決定します

練習3　計算してください。

❶ $5 \times (-2) \times 6 \times (-3)$

❷ $-4 \times (-2) \times (-3) \div (-6)$

❸ $(-2)^2$　　$(-2)^2$ とは−2を2回掛けなさいという意味です

❹ $(-2)^3$　　$(-2)^3$ とは−2を3回掛けなさいという意味です

練習3の答え

❶ $5 \times (-2) \times 6 \times (-3) = +180$

❷ $-4 \times (-2) \times (-3) \div (-6) = +4$

❸ $(-2)^2 = -2 \times (-2) = +4$

❹ $(-2)^3 = -2 \times (-2) \times (-2) = -8$

その4 正の数と負の数

四則の計算

掛け算（割り算）の部分を
符号を含めたひとかたまりでとらえます。

ひとかたまり　　　ひとかたまり

$$4 \times (-3) - (-12) \div (-3)$$

負の数　　　　負の数
1個　　　　　3個

$$= -12 - 4$$

すぐにこの形になるので簡単です

$$= -16$$

練習4　**計算してください。**

❶ $-2-5\times(-6)+7\times(-2)$

❷ $-3\times 8-12\times(-2)\div(-4)-8$

❸ $4\times(-6)-(-3)^2$

練習4の答え

❶ $-2-5\times(-6)+7\times(-2)$
$=-2+30-14$
$=-2-14+30=-16+30=+(30-16)=+14$

❷ $-3\times 8-12\times(-2)\div(-4)-8$
$=-24-6-8=-38$

❸ $4\times(-6)-(-3)^2$
$=4\times(-6)-(-3)\times(-3)$
$=-24-9=-33$

※「正の数と負の数」を学ぶ段階では正（プラス）の答えには「＋14」などと「＋」を付けましたが、以降は不要であれば省略します。

CHAPTER 2

文字式

その1 文字式

省略する

文字式では「×、÷、1」は省略し、
同じ文字の積は指数で表します。

■「×」を省略

$$c \times 2 \times b = 2bc$$

省略

**数字が先頭
アルファベット順**

ここ、要注意です

■「1」を省略

$$1 \times b = 1b = b$$

省略

■「÷」を省略

$$a \div b = \frac{a}{b}$$

省略

**分数にして
÷を省略**

■ 同じ文字の積は指数で

$$a \times a = a^2 \qquad a \times a \times a = a^3$$

これが指数。何個掛けたかを表します

その1 文字式 — 省略する

練習1 次の式の「×、÷、1」を省略して表してください。

❶ $-7 \times m$　　❷ $m \div s$

❸ $-1 \times k$　　❹ $-5 \times b \times b$

❺ $b \times 6 \times a$　　❻ $c \times (-2) \times b$

練習1の答え

❶ $-7 \times m = -7m$

❷ $m \div s = \dfrac{m}{s}$

❸ $-1 \times k = -k$

❹ $-5 \times b \times b = -5b^2$

❺ $b \times 6 \times a = 6ab$

❻ $c \times (-2) \times b = -2bc$

数字が先頭
アルファベット順

その2 文字式

省略しない

「＋、－」（足し算、引き算）は省略しません。

■「＋」は省略しない

$$4 \times b + 3 \times c = 4b + 3c$$

省略しない

「×」は省略ですよ

■「－」は省略しない

$$6 \times b - 7 \div m = 6b - \frac{7}{m}$$

省略しない

「×」「÷」は省略ですよ

■（足し算、引き算）は省略しない

$$(5 \times m + 4 \times n) = (5m + 4n)$$

省略しない

（ ）の中に
＋や－がある場合は
（ ）は省略しません

CHAPTER 2　文字式

その2 文字式 — 省略しない

練習2 次の式の省略できるところを省略して表してください。

① $-3 \times b + 4 \times e \times e$

② $-1 \times a \div b - k \times m$

③ $5 \times c - (a \times b - 5 \times h)$

練習2の答え

① $-3 \times b + 4 \times e \times e$
$= -3b + 4e^2$

② $-1 \times a \div b - k \times m$
$= -\dfrac{a}{b} - km$

③ $5 \times c - (a \times b - 5 \times h)$
$= 5c - (ab - 5h)$

その3 文字式

仲間をまとめる

文字の部分が同じもの同士、数字同士をまとめます。

同じ文字をまとめる

$$2a + 4b + 7a = 9a + 4b$$

「a」さんをまとめる

同じ文字と数字をまとめる

数字をまとめる

$$2x + 3 + 5x + 4 = 7x + 7$$

「x」さんをまとめる

その3 文字式

仲間をまとめる

練習3 次の計算をしてください。

① $3x - 2y + 5x - 4y$

② $4x - 5 - 7x - 6$

③ $-2a + 3 - 5b - 4a - 9$

練習3の答え

① $3x - 2y + 5x - 4y$
 $= 8x - 6y$

② $4x - 5 - 7x - 6$
 $= -3x - 11$

③ $-2a + 3 - 5b - 4a - 9$
 $= -6a - 5b - 6$

その4 文字式 — ( )をはずす

( )は分配の法則ではずします。

①、②の順に掛ければOKです

$-4(x-5) = -4x + 20$

- $-4 \times x$
- $-4 \times (-5)$

$2a - (5a - 3b)$

2a − 1×(5a − 3b)の省略です

$= 2a - 5a + 3b$

- $-1 \times 5a$
- $-1 \times (-3b)$

$= -3a + 3b$

その4 （　）をはずす

文字式

練習4　（　　）をはずしてください。はずしたあと、さらに計算できれば計算をしてください。

❶ （a＋b）

❷ －（a＋b）

❸ －（a－b）

❹ －3a－2（2a＋3）

練習4の答え

❶ （a＋b）＝1×（a＋b）＝a＋b

❷ －（a＋b）＝－1×（a＋b）＝－a－b

❸ －（a－b）＝－1×（a－b）＝－a＋b

❹ －3a－2（2a＋3）
　＝－3a－2×（2a＋3）
　＝－3a－4a－6
　＝－7a－6

その5 文字式 — 式の値

（　　）つきで代入して
式の値を計算すると確実です。

たとえば

$x = -5$　$y = -2$ のとき
$-2x + 3y - 5x - 7y$ の式の値は?

$-2x + 3y - 5x - 7y$
$= -2x - 5x + 3y - 7y$
$= -7x - 4y$
　　　↑　　↑
　　(-5)　(-2)

仲間同士をまとめます。これは復習

代入は（　）つき これがコツです

$= -7 \times (-5) - 4 \times (-2)$
$= 35 + 8$
$= 43$

その5 式の値

文字式

練習5

a＝−2　b＝−3　のとき
次の式の値を求めてください。

① −3ab

② a^2

③ 4a−(2a−b)

④ $a^2 - b^2$

練習5の答え

① −3ab＝−3×a×b＝−3×(−2)×(−3)＝−18

② a^2＝a×a＝(−2)×(−2)＝4

③ 4a−(2a−b)
　＝4a−1×(2a−b)
　＝4a−2a+b
　＝2a+b＝2×(−2)+(−3)＝−4−3＝−7

④ $a^2 - b^2$
　＝a×a−b×b
　＝(−2)×(−2)−(−3)×(−3)
　＝+4−9
　＝−(9−4)
　＝−5

CHAPTER 3

1次方程式

その1 1次方程式

7X=−42 の解き方

両辺に7の逆数 $\frac{1}{7}$ を掛けます。

■ 逆数とは？

ひっくり返す

$\frac{2}{5}$ ✕ $\frac{5}{2}$ 　$\frac{2}{5}$ の逆数は $\frac{5}{2}$

$\frac{2}{5} \times \frac{5}{2} = 1$

元の数と逆数を掛けると1になります

例題）
7X=−42 のXを求めてください

$7 = \frac{7}{1}$ の逆数 $\frac{1}{7}$ を

7X=−42 の両辺に掛けると

$\boxed{\frac{1}{7}} \times 7X = -42 \times \boxed{\frac{1}{7}}$

左辺は必ず x になりますから

$$x = -42 \times \boxed{\dfrac{1}{7}}$$

$$x = -6$$

練習1 次の方程式を解いてください。

① $5x = -35$

② $\dfrac{4}{7}x = 12$

練習1の答え

① $5x = -35$ の両辺に $\dfrac{1}{5}$ を掛けます

$$x = -35 \times \dfrac{1}{5}$$
$$= -7$$

② $\dfrac{4}{7}x = 12$ の両辺に $\dfrac{7}{4}$ を掛けます

$$x = 12 \times \dfrac{7}{4}$$
$$= 21$$

その2 1次方程式

$3x-2=-2x+8$ の解き方

移項してxは左辺へ、数字は右辺にあつめます。

■ 移項とは？

移項（左辺から右辺、右辺から左辺にうつすこと）の**ポイントは符号が変わることです。**

$$3x\boxed{-2}=\boxed{-2x}+8$$

移項

$$3x\boxed{+2x}=\boxed{+2}+8$$

変身　変身

移項すると変身（符号が変わる）します

$$5x=10$$

両辺に $\frac{1}{5}$ を掛けて

$$x=10\times\frac{1}{5}=2$$

練習2 方程式を解いてください。

❶ $2x-3=-3x+22$

❷ $-5x+8=8x+47$

練習2の答え

❶ $2x-3=-3x+22$ 　移項

$2x+3x=3+22$

$5x=25$

$x=25\times\dfrac{1}{5}$

$x=5$

❷ $-5x+8=8x+47$ 　移項

$-5x-8x=-8+47$

$-13x=39$

$x=39\times\left(-\dfrac{1}{13}\right)$

$x=-3$

その3 1次方程式

$4x-(2x-3)=1$ の解き方

まず( )をはずします。

$4x-(2x-3)=1$

$4x-2x+3=1$

移項

$4x-2x=1-3$

$2x=-2$

両辺に$\frac{1}{2}$を掛けて

$x=-2\times\left(\frac{1}{2}\right)=-1$

まず( )をはずします

練習3 方程式を解いてください。

❶ $3x-6=-2(2x-11)$

練習3の答え

❶ $3x-6=-2(2x-11)$ まず（　）をはずします

$3x-6=-4x+22$

移項

$3x+4x=6+22$

$7x=28$

$x=28\times\dfrac{1}{7}$

$x=4$

移項します

両辺に逆数を掛けます

その4 1次方程式

$\dfrac{x}{3} = \dfrac{x}{4} - 2$ の解き方

両辺に分母の公倍数「12」を掛けます。

分数係数の方程式は
分母の公倍数を両辺に掛けて
整数係数の方程式にします。

$$\dfrac{x}{3} = \dfrac{x}{4} - 2$$

$$12 \times \dfrac{x}{3} = 12 \left(\dfrac{x}{4} - 2 \right)$$

整数の方程式になります

$$4x = 3x - 24$$

移項

$$-3x + 4x = -24$$

$$x = -24$$

練習4 **方程式を解いてください。**

❶ $\frac{1}{2}x - 1 = \frac{x-2}{5}$ 　ヒント 分数の分子は（　）つきです

$$\frac{x-2}{5} = \frac{(x-2)}{5} = \frac{1}{5}(x-2)$$

練習4の答え

❶ $\frac{1}{2}x - 1 = \frac{x-2}{5}$

$10\left(\frac{1}{2}x - 1\right) = 10 \times \frac{(x-2)}{5}$ 　分母の公倍数「10」を掛けます

$5x - 10 = 2(x - 2)$ 　整数の方程式になります

$5x - 10 = 2x - 4$ 　　移項

$5x - 2x = 10 - 4$

$3x = 6$

$x = 6 \times \frac{1}{3}$

$x = 2$

その5 1次方程式

$0.4x - 0.6 = 0.2x$ の解き方

小数係数の方程式は両辺に「×10」「×100」…をして整数係数の方程式にします。

$$0.4x - 0.6 = 0.2x$$

$$10(0.4x - 0.6) = 10 \times 0.2x$$

「×10」をして整数係数の方程式にします

$$4x - 6 = 2x$$

 移項

$$4x - 2x = 6$$

$$2x = 6$$

$$x = 6 \times \left(\frac{1}{2}\right)$$

$$x = 3$$

練習5 方程式を解いてください。

❶ $0.13x + 0.7 = -0.07x - 0.3$

練習5の答え

❶ $0.13x + 0.7 = -0.07x - 0.3$

$$100(0.13x + 0.7) = 100(-0.07x - 0.3)$$
$$13x + 70 = -7x - 30$$

移項

$$13x + 7x = -70 - 30$$
$$20x = -100$$
$$x = -100 \times \frac{1}{20}$$
$$x = -5$$

「×100」をして整数係数の方程式にします

その6 1次方程式

文章題は問題文書きこみ方式で

求めるものを「x」とおいて
問題のわかるところをメモ書きすれば文章題は楽勝です。

例題） ある数を4倍して3を加え、
その数を2倍してから7を引くと23になりました。
ある数はいくつでしょう。

求めるもの（＝ある数）を"x"とおいて、
下記のように問題にメモ書きします。

ある数を4倍して3を加え
　x　　　$4x$　　　$(4x+3)$

その数を2倍してから
　　$2(4x+3)$

7を引くと 23 になりました。
$2(4x+3)-7$

ある数はいくつでしょう。

$2(4x+3)-7=23$ となるので…

メモ書きから簡単に方程式を立てることができます

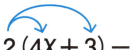

$8x+6-7=23$

$8x=23-6+7$

$8x=24$

$x=24\times\dfrac{1}{8}$

$x=3$

A．ある数は3

その6 文章題は問題文書きこみ方式で
1次方程式

> **練習6** Aさんはコインを42枚、Bさんは10枚持っています。AさんからBさんにコインを何枚か渡したとき、Aさんのコインの枚数がBさんより20枚多くなりました。AさんはBさんにコインを何枚渡したのでしょう。

練習6の答え

Aさんはコインを42枚、Bさんは10枚持っています。AさんからBさんにコインを何枚か渡したとき、
　　　　　　　　　　　　　　　　　x

Aさんのコインの枚数がBさんより 20枚多く なりま
　$(42-x)$　　　　　　$(10+x)$

した。AさんはBさんにコインを何枚渡したのでしょう。

AさんからBさんに x 枚渡したとして

$$42-x=(10+x)+20$$

　　　　　　　　　　　移項

$$-x-x=-42+10+20$$
$$-2x=-12$$
$$x=-12\times\left(-\frac{1}{2}\right)$$
$$x=6$$

メモ書きから簡単に方程式を立てることができます

A. 6枚

CHAPTER 4

連立方程式

その1 連立方程式

縦書き計算

(　　　)つきで横書き計算をイメージしながら計算すれば確実です。

たとえば

$$\begin{array}{r} 3x - 8y \\ -\overline{)\ -2x - 2y} \end{array}$$

 こっそり(　　)をつけて

$$\begin{array}{r} 3x - 8y \\ -\overline{)(-2x - 2y)} \\ \hline 5x - 6y \end{array}$$

横書きをイメージして計算

$3x - 8y - (-2x - 2y)$
$= 3x - 8y + 2x + 2y$
$= 5x - 6y$

練習1 計算してください。

❶ $ 5x - 9y$
　$\underline{+)-3x + 2y}$

❷ $ -4x - 7y$
　$\underline{-)3x + 4y}$

練習1の答え

❶ $ 5x - 9y$
　$\underline{+)(-3x + 2y)}$
　$ 2x - 7y$

$5x - 9y + (-3x + 2y)$
$= 5x - 9y - 3x + 2y$
$= 5x - 3x - 9y + 2y$
$= 2x - 7y$

❷ $ -4x - 7y$
　$\underline{-)(3x + 4y)}$
　$ -7x - 11y$

$-4x - 7y - (3x + 4y)$
$= -4x - 7y - 3x - 4y$
$= -4x - 3x - 7y - 4y$
$= -7x - 11y$

横書きをイメージすると
引き算の間違いがなくなります

その2 連立方程式

簡単な加減法

2つの式を足す、または引くだけで
「x」または「y」が消える場合。

たとえば

$2x + 3y = 7$ …①
$4x - 3y = 5$ …②

①+②で y が消えます

⬇ ①+②

$$\begin{array}{r} 2x + 3y = 7 \text{ …①} \\ +\underline{)\ 4x - 3y = 5 \text{ …②}} \\ 6x = 12 \end{array}$$

$x = 2$

これを①に代入 $2x + 3y = 7$
↑
2

⬇

$2 \times (2) + 3y = 7$
$3y = 7 - 4$
$3y = 3$
$y = 1$

A. $x = 2 \quad y = 1$

練習2 連立方程式を解いてください。

❶ 3x−4y=−11
  5x−4y=−13

練習2の答え

❶ 3x−4y=−11 …❶
   5x−4y=−13 …❷

   ❶−❷

   　3x−4y ＝−11
   −)(5x−4y)＝−13
   　―――――――――
   　−2x　　＝　2

   　　　　x＝2×(−$\frac{1}{2}$)
   　　　　x＝−1

右辺は
−11−(−13)
＝−11＋13
＝2

x=−1 を ❶ に代入

3×(−1)−4y=−11
　　−3−4y=−11
　　　−4y=−11＋3
　　　−4y=−8
　　　　y=2

A． x=−1　y=2

その3 複雑な加減法

連立方程式

❶か❷のどちらかを何倍かして、
あるいは両方をそれぞれ何倍かして加減することで
「x」または「y」を消します。

たとえば

$2x + 5y = 16$ ……❶
$3x - 4y = 1$ ………❷

❶×3－❷×2

❶×3－❷×2で
xが消えます

$$\begin{array}{r} 6x + 15y = 48 \quad \cdots ❶×3 \\ -\underline{)(6x - 8y) = 2} \quad \cdots ❷×2 \\ 23y = 46 \\ y = 2 \end{array}$$

×3
$2x + 5y = 16$

$3x - 4y = 1$
×2

「y＝2」を❶に代入

$2x + 5 × (2) = 16$

$2x + 10 = 16$
$2x = 16 - 10$
$2x = 6$
$x = 3$

A. $x = 3$ $y = 2$

練習3 次の連立方程式を解いてください。

❶ $x - 3y = -5$
　$2x + 4y = 20$

練習3の答え

❶　$x - 3y = -5$ …❶
　$2x + 4y = 20$ …❷

❶×2−❷でxを消します

$2x - 6y = -10$ …❶×2
$\underline{-)(2x + 4y) = 20}$ …❷
$-10y = -30$
$y = 3$

y=3を❶に代入

$x - 3 \times (3) = -5$
$x - 9 = -5$
$x = 9 - 5$
$x = 4$

A. $x = 4$　$y = 3$

代入法

その4 連立方程式

y＝x～の式、またはx＝y～の式は
代入法でやるほうが楽です。

たとえば

y＝2x－1 ……❶

x＋2y＝23 ……❷

❶の式を❷のyに代入して

x＋2(2x－1)＝23

x＋4x－2＝23

移項

5x＝23＋2

5x＝25

x＝5

「$x=5$」を❶に代入

$$y=2×(5)-1$$
$$y=10-1$$
$$y=9$$

A．$x=5$ $y=9$

練習4 次の連立方程式を解いてください。

❶ $x=3y-9$
  $2x+5y=4$

練習4の答え

❶ $x=3y-9$ …❶
   $2x+5y=4$ …❷

   ❶の式を❷のxに代入して

$x=y$〜の式だから、

$$2(3y-9)+5y=4$$
$$6y-18+5y=4$$
$$6y+5y=4+18$$
$$11y=22$$
$$y=2$$

$y=2$を❶に代入
$$x=3×2-9$$
$$x=6-9$$
$$x=-3$$

A．$x=-3$ $y=2$

その5 連立方程式

文章題は問題文書きこみ方式で

求めるものを「x」「y」とおいて
問題文のわかるところをメモ書きすれば
連立方程式の文章題は楽勝です。

例題） 60円の消しゴムと120円の鉛筆を合わせて
5つ買って420円払いました。
それぞれいくつずつ買いましたか。

求めるものを
"消しゴム x 個""鉛筆 y 本"とおいて、
下記のように問題にメモ書きします。

60円の消しゴムと120円の鉛筆
　　　x個、60x円　　　　　　y本、120y円
を合わせて5つ買って420円払い
　　　　　(x+y)つ
ました。それぞれいくつずつ買いましたか。

$x+y=5$ ……………①
$60x+120y=420$ …… ②

①×60−②でxが消えます。

メモ書きから
簡単に方程式を
立てることができます

$$\begin{array}{r}60x+60y=300 \\ -)60x+120y=420 \\ \hline -60y=-120\end{array}$$ …①×60
   …②

$$y=-120\times\left(-\frac{1}{60}\right)$$
$$y=2$$

これを①に代入 $x+y=5$
                        ↑
                        2

$$x+2=5$$
$$x=5-2$$
$$x=3$$

A. 60円の消しゴム3個
   120円の鉛筆2本

その5 連立方程式

文章題は問題文書きこみ方式で

練習5　ノート2冊と鉛筆3本で450円、ノート3冊と鉛筆5本で710円です。ノート1冊と鉛筆1本の値段を求めてください。

練習5の答え

ノート1冊をx円、鉛筆1本をy円とする。

ノート2冊と鉛筆3本で 450円 、ノート3冊と
　$2x$円　　　　$3y$円　　　　　　　　　　　$3x$円

鉛筆5本で 710円 です。ノート1冊と鉛筆1
　$5y$円

本の値段を求めてください。

$2x + 3y = 450$ …❶
$3x + 5y = 710$ …❷

❶×3−❷×2 でxを消します

$$
\begin{array}{r}
6x + 9y = 1350 \quad \cdots ❶×3 \\
-)\,(6x + 10y) = 1420 \quad \cdots ❷×2 \\
\hline
-y = -70 \\
y = -1 \times (-70) \\
y = 70
\end{array}
$$

$$
\begin{array}{c}
\quad\quad \times 3 \\
2x + 3y = 450 \\
3x + 5y = 710 \\
\quad\quad \times 2
\end{array}
$$

メモ書きから簡単に方程式を立てることができます

y＝70を❶に代入

$2x+3×(70)=450$

$2x+210=450$

$2x=450-210$

$2x=240$

$x=120$

A．ノート1冊120円　鉛筆1本70円

その6 連立方程式

速さ・時間・道のりは図書きこみ方式で

"速さ""時間""道のり"の問題は
求めるものを「x」「y」とおいて、
図のわかる部分を書きこめば簡単です。

例題) A地点からC地点まで7kmあります。A地点から途中のB地点まで時速16km、B地点からC地点まで時速4kmで行ったところ、1時間かかりました。A地点からB地点までとB地点からC地点までの道のりを求めてください。

求めるものを
"A地点からB地点"をxkm、
"B地点からC地点"をykmとおいて、
図にわかるところを書きこみします。

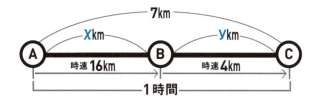

「みはじ」の図に書き込めば簡単です

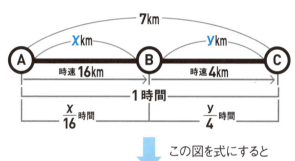

この図を式にすると

$$x + y = 7 \quad \cdots ①$$

$$\frac{x}{16} + \frac{y}{4} = 1 \quad \cdots ②$$

①−②×16 で x を消します

$$\begin{array}{r} x + y = 7 \quad \cdots ① \\ -)\ x + 4y = 16 \quad \cdots ②\times 16 \\ \hline -3y = -9 \\ y = 3 \end{array}$$

$y=3$ を①に代入

$$x + 3 = 7$$
$$x = 7 - 3$$
$$x = 4$$

簡単に式が立てられます

A．A地点からB地点まで 4km
　　B地点からC地点まで 3km

CHAPTER 4　連立方程式

その6 速さ・時間・道のりは図書きこみ方式で

連立方程式

練習6 A地点からB地点まで峠を通ると10kmあります。山のふもとのA地点から峠までを時速2km、峠から山のふもとのB地点までを時速3kmで歩いたところA地点からB地点まで4時間かかりました。A地点から峠までと、峠からB地点までの道のりを求めてください。

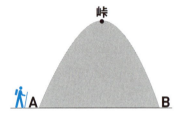

練習6の答え

A地点から峠までをxkm、
峠からB地点までをykmとする。

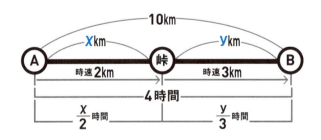

左下の図を式にすると

$x + y = 10$ …❶
$\dfrac{x}{2} + \dfrac{y}{3} = 4$ …❷

とりあえず❷を整数の方程式に

$6\left(\dfrac{x}{2} + \dfrac{y}{3}\right) = 4 \times 6$ …❷×6
$3x + 2y = 24$ ………❸

❶×2−❸でyを消します

$$\begin{array}{r} 2x + 2y = 20 \quad \text{…❶×2} \\ -)\ (3x + 2y) = 24 \quad \text{…❸} \\ \hline -x = -4 \end{array}$$

$\overset{\times 2}{\overbrace{x + y = 10}}$

$x = 4$

$x = 4$ を❶に代入

$4 + y = 10$
$y = 6$

A. A地点から峠 4km
　　峠からB地点 6km

CHAPTER 5

因数分解と展開

その1 因数分解と展開

$ma + mb = m(a+b)$

このタイプの因数分解は
共通因数を(　　)の外に出します。

例題) $4abc - 2be$ を因数分解してください。

$4abc$ と $-2be$ の両方を割ることのできる共通因数は

$4abc - 2be$ なので $2b$ となる。

$4abc$ → 2bで割れる　$2be$ → 2bで割れる

共通因数 $2b$ を(　　)の外に出して**因数分解**すると

$$4abc - 2be = 2b(2ac - e)$$

展開とは順番に掛けて(　　)を
はずすことです

$2b(2ac - e)$
展開 ↓ ↑ 因数分解
$4abc - 2be$

(　　)の中には
$4abc \div 2b = 2ac$ と
$-2be \div 2b = -e$
が入ります

CHAPTER 5　因数分解と展開

その1 因数分解と展開

$$ma + mb = m(a+b)$$

練習1 因数分解してください。

❶ $2ax - 6ay$

❷ $3ab + 9bc - 12bd$

練習1の答え

❶ $2ax - 6ay = 2a(x - 3y)$

❷ $3ab + 9bc - 12bd = 3b(a + 3c - 4d)$

$$3b(a + 3c - 4d) = 3ab + 9bc - 12bd$$

展開してみると合ってます

その2 因数分解と展開

$x^2+(a+b)x+ab = (x+a)(x+b)$

このタイプの因数分解は「足して○○」「掛けて○○」な2数を見つけます。

たとえば

$$x^2-2x-15$$

の因数分解は次のように機械的におこないます。

$$x^2-2x-15$$

足して-2　　掛けて-15

足して-2、掛けて-15になる2数は

-5と$+3$

$$x^2-2x-15=(x-5)(x+3)$$

↑　　↑
-5　$+3$

この2数で機械的に因数分解

CHAPTER 5　因数分解と展開

その2 因数分解と展開

$$x^2+(a+b)x+ab=(x+a)(x+b)$$

展開とは順番に掛けて（　）をはずすことです

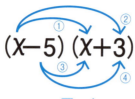

展開 ⬇ ⬆ 因数分解

$$X^2-2X-15$$

練習2 因数分解してください。

❶ x^2+4x+3

❷ x^2+5x+6

練習2の答え

❶ $x^2+4x+3=(x+1)(x+3)$

　　足して4　掛けて3　→　+1　と　+3

❷ $x^2+5x+6=(x+2)(x+3)$

　　足して5　掛けて6　→　+2　と　+3

その3 因数分解と展開

$$x^2+2ax+a^2=(x+a)^2$$
$$x^2-2ax+a^2=(x-a)^2$$

このタイプの因数分解は一般的に公式として習いますが、「足して○○」「掛けて○○」の2数を見つければ公式は不要です。

たとえば

$$x^2+6x+9$$

の因数分解は次のようにおこないます。

その2と同じやり方です

$$x^2+6x+9$$

足して6　掛けて9

足して+6、掛けて+9になる2数は

+3と+3

$$x^2+6x+9=(x+3)(x+3)$$
$$=(x+3)^2$$

CHAPTER 5　因数分解と展開

その3 因数分解と展開

$$x^2+2ax+a^2=(x+a)^2$$
$$x^2-2ax+a^2=(x-a)^2$$

反対に$(x+3)^2$を**展開**すると

$$(x+3)^2=(x+3)(x+3)$$

展開 ⇄ 因数分解

$$=x^2+6x+9$$

練習3 因数分解してください。

❶ $x^2+8x+16$

❷ $x^2-10x+25$

練習3の答え

❶ $x^2+8x+16=(x+4)(x+4)=(x+4)^2$

　足して $+8$　掛けて $+16$ → $+4$ と $+4$

❷ $x^2-10x+25=(x-5)(x-5)=(x-5)^2$

　足して -10　掛けて $+25$ → -5 と -5

その4 因数分解と展開

$x^2 - a^2 = (x+a)(x-a)$

このタイプの因数分解も一般的に公式として習いますが、「足して○○」「掛けて○○」の2数を見つければ公式は不要です。

たとえば
$$x^2 - 4$$
の因数分解は次のようにおこないます。

$$x^2 - 4 = x^2 + 0x - 4$$

足して0　掛けて-4

足して0、掛けて-4になるのは
+2と-2

こう見るのがポイントです

$$x^2 - 4 = x^2 + 0x - 4$$
$$= (x+2)(x-2)$$

CHAPTER 5　因数分解と展開

その4 因数分解と展開

$$x^2 - a^2 = (x+a)(x-a)$$

$(x+2)(x-2)$ を展開すると

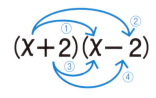

$$= x^2 - 2x + 2x - 4$$
$$= x^2 - 4$$

練習4 因数分解してください。

① $x^2 - 16$

② $x^2 - 36$

練習4の答え

① $x^2 - 16 = x^2 \underline{+ 0x} \underline{- 16} = (x+4)(x-4)$

　　　　　足して　掛けて
　　　　　　0　　　−16 ⟶ +4 と −4

② $x^2 - 36 = x^2 \underline{+ 0x} \underline{- 36} = (x+6)(x-6)$

　　　　　足して　掛けて
　　　　　　0　　　−36 ⟶ +6 と −6

78

その5 因数分解と展開

$$mx^2 + m(a+b)x + mab = m(x+a)(x+b)$$

このタイプの因数分解は共通因数を（　）の外に出して、（　）の中をさらに因数分解します。

たとえば

$$mx^2 + 4mx + 3m$$

の因数分解は次のようにおこないます。

$$mx^2 + 4mx + 3m = \boxed{m}(x^2 + 4x + 3)$$

共通因数のmを（　）の外に

足して4　　掛けて3

+1と+3

$$m(x^2 + 4x + 3) = m(x+1)(x+3)$$

（　）の中をさらに因数分解

その5 因数分解と展開

$mx^2 + m(a+b)x + mab = m(x+a)(x+b)$

$m(x+1)(x+3)$を**展開**すると

$m(x+1)(x+3)$

$= m(x^2 + 3x + x + 3)$

$= m(x^2 + 4x + 3)$

$= mx^2 + 4mx + 3m$

練習5 因数分解してください。

❶ $mx^2 - mx - 6m$ ❷ $mx^2 - 49m$

練習5の答え

❶ $mx^2 - mx - 6m = m(x^2 - x - 6) = m(x-3)(x+2)$

足して 掛けて
-1 -6 ⟶ -3 と +2

❷ $mx^2 - 49m = m(x^2 - 49) = m(x-7)(x+7)$

足して 掛けて
0 -49 ⟶ -7 と +7

CHAPTER 6

平方根

その1 平方根

平方根とは？

2乗してある数になる数を、ある数の平方根と言います。

たとえば
25の平方根は
2乗して25になる数です。

$$(\boxed{})^2 = 25$$

ここに入る数だから5と−5です。

$$5 \times 5 = 25、(-5) \times (-5) = 25$$

だから合っています

練習1　(　　)をうめてください。

❶ 36の平方根は(　　と　　)

❷ 2乗して81になる数は(　　と　　)

❸ 100の平方根は(　　と　　)

❹ 2乗して64になる数は(　　と　　)

練習1の答え

❶ (6と−6)

❷ (9と−9)

❸ (10と−10)

❹ (8と−8)

その2 平方根

さしあたり √ と −√

ある数の平方根は、さしあたり √ある数 と −√ある数 で表すことができます。

たとえば

6の平方根は?

(　　)² ＝ 6 の (　　) 内で

さしあたり √6 と −√6 と表せます。

ルート6　マイナスルート6
＋のほう　　−のほう

では

81の平方根は?

(　　)² ＝ 81 の (　　) の中は

さしあたり √81 と −√81 ですが

(√81＝) 9 と (−√81＝) −9

と √ を使わなくても表せます。

練習2 ( )をうめてください。

❶ 3の平方根は(と)

❷ 16の平方根は$\sqrt{16}=(\ )$と$-\sqrt{16}=(\ )$

❸ 4の平方根は$\sqrt{(\ )}=2$と$-\sqrt{(\ )}=-2$

❹ 25の平方根は$\sqrt{25}=(\ )$と$-\sqrt{25}=(\ )$

練習2の答え

❶ ($\sqrt{3}$ と $-\sqrt{3}$)

❷ $\sqrt{16}=(4)$と$-\sqrt{16}=(-4)$

❸ $\sqrt{(4)}=2$と$-\sqrt{(4)}=-2$

❹ $\sqrt{25}=(5)$と$-\sqrt{25}=(-5)$

CHAPTER 6　平方根

平方根の掛け算

その3 平方根

そのままでいい場合、√がはずれる場合、
一部√から出る場合の3タイプあります。

$\sqrt{a} \times \sqrt{b} = \sqrt{a \times b}$ と計算します。

■ そのままでいい場合
$\sqrt{3} \times \sqrt{7} = \sqrt{3 \times 7} = \sqrt{21}$

■ √がはずれる場合
$\sqrt{2} \times \sqrt{18} = \sqrt{2 \times 18} = \sqrt{36} = 6$

√の中が
1、4、9、16、25、36、49……なら
√がはずれます

一部√から出る場合

$$\sqrt{2} \times \sqrt{6} = \sqrt{2 \times 6} = \sqrt{12}$$
$$= \sqrt{4 \times 3} = 2\sqrt{3}$$

$$\sqrt{9 \times \bigcirc} = 3\sqrt{\bigcirc}$$

$$\sqrt{16 \times \bigcirc} = 4\sqrt{\bigcirc}$$

こんな感じです

練習3 □をうめてください。

① $\sqrt{3} \times \sqrt{5} = \sqrt{3 \times \Box} = \sqrt{\Box}$

② $\sqrt{3} \times \sqrt{27} = \sqrt{\Box} = \Box$

③ $\sqrt{3} \times \sqrt{6} = \sqrt{\Box} = \sqrt{\Box \times 2} = \Box\sqrt{2}$

練習3の答え

① $\sqrt{3} \times \sqrt{5} = \sqrt{3 \times \boxed{5}} = \sqrt{\boxed{15}}$

② $\sqrt{3} \times \sqrt{27} = \sqrt{\boxed{81}} = \boxed{9}$

③ $\sqrt{3} \times \sqrt{6} = \sqrt{\boxed{18}} = \sqrt{\boxed{9} \times 2} = \boxed{3}\sqrt{2}$

CHAPTER 6　平方根

平方根の割り算

平方根

そのままでいい場合、√ がはずれる場合、
一部√ から出る場合の3タイプあります。

$$\dfrac{\sqrt{b}}{\sqrt{a}} = \sqrt{\dfrac{b}{a}}$$ と計算します。

■ そのままでいい場合

$$\dfrac{\sqrt{15}}{\sqrt{3}} = \sqrt{\dfrac{15}{3}} = \sqrt{5}$$

■ √ がはずれる場合

$$\dfrac{\sqrt{18}}{\sqrt{2}} = \sqrt{\dfrac{18}{2}} = \sqrt{9} = 3$$

■ 一部√ から出る場合

$$\dfrac{\sqrt{90}}{\sqrt{2}} = \sqrt{\dfrac{90}{2}} = \sqrt{45} = \sqrt{9 \times 5} = 3\sqrt{5}$$

練習4 □をうめてください。

① $\dfrac{\sqrt{18}}{\sqrt{6}} = \sqrt{\dfrac{\Box}{\Box}} = \sqrt{\Box}$

② $\dfrac{\sqrt{27}}{\sqrt{3}} = \sqrt{\dfrac{\Box}{\Box}} = \sqrt{\Box} = \Box$

③ $\dfrac{\sqrt{150}}{\sqrt{2}} = \sqrt{\dfrac{\Box}{\Box}} = \sqrt{\Box} = \sqrt{\Box \times \Box} = \Box\sqrt{\Box}$

練習4の答え

① $\dfrac{\sqrt{18}}{\sqrt{6}} = \sqrt{\dfrac{18}{6}} = \sqrt{3}$

② $\dfrac{\sqrt{27}}{\sqrt{3}} = \sqrt{\dfrac{27}{3}} = \sqrt{9} = 3$

③ $\dfrac{\sqrt{150}}{\sqrt{2}} = \sqrt{\dfrac{150}{2}} = \sqrt{75} = \sqrt{25 \times 3} = 5\sqrt{3}$

平方根

その5 平方根

分母の有理化

$\sqrt{5} \times \sqrt{5} = 5$、$\sqrt{6} \times \sqrt{6} = 6$…を使って
分母に $\sqrt{}$ が残らないようにします。

たとえば

$$\frac{\sqrt{2}}{\sqrt{5}}$$ を有理化します。

$$\frac{\sqrt{2}}{\sqrt{5}} = \frac{\sqrt{2} \times \sqrt{5}}{\sqrt{5} \times \sqrt{5}} = \frac{\sqrt{10}}{5}$$

√がなくなりました

分母に√5があれば
分子と分母に√5を、
分母に√6があれば
分子と分母に√6を掛けます

練習5　□をうめて分母の有理化をしてください。

❶ $\dfrac{\sqrt{3}}{\sqrt{7}} = \dfrac{\sqrt{3} \times \boxed{}}{\sqrt{7} \times \boxed{}} = \dfrac{\boxed{}}{\boxed{}}$

❷ $\dfrac{\sqrt{3}}{\sqrt{18}} = \sqrt{\dfrac{\boxed{}}{\boxed{}}} = \dfrac{1}{\sqrt{\boxed{}}} = \dfrac{1 \times \boxed{}}{\sqrt{\boxed{}} \times \boxed{}} = \dfrac{\boxed{}}{\boxed{}}$

練習5の答え

❶ $\dfrac{\sqrt{3}}{\sqrt{7}} = \dfrac{\sqrt{3} \times \boxed{\sqrt{7}}}{\sqrt{7} \times \boxed{\sqrt{7}}} = \dfrac{\boxed{\sqrt{21}}}{7}$

❷ $\dfrac{\sqrt{3}}{\sqrt{18}} = \sqrt{\dfrac{\boxed{3}}{\boxed{18}}} = \dfrac{1}{\sqrt{\boxed{6}}} = \dfrac{1 \times \boxed{\sqrt{6}}}{\sqrt{\boxed{6}} \times \boxed{\sqrt{6}}} = \dfrac{\boxed{\sqrt{6}}}{6}$

CHAPTER 6　平方根

平方根の加減

平方根 その6

文字式の計算と同様です。
ただし√の中が大きい数の場合は
一部が出ないかチェックします。

■ √から出ない場合

$$4\sqrt{2} - 4\sqrt{3} - 5\sqrt{2} + 8\sqrt{3}$$
$$= -\sqrt{2} + 4\sqrt{3}$$

4a − 4b − 5a + 8b
＝ − a + 4b と同様です

■ 一部√から出る場合

$$\sqrt{27} - 2\sqrt{3}$$
$\downarrow \sqrt{9 \times 3}$
$$= 3\sqrt{3} - 2\sqrt{3}$$
$$= \sqrt{3}$$

√の中が
大きい数の場合は
一部√の外に出ないか
チェックします

練習6 計算してください。

① $2\sqrt{5}-4\sqrt{3}-5\sqrt{5}+12\sqrt{3}$

② $\sqrt{48}+5\sqrt{3}$

③ $2\sqrt{2}-4\sqrt{3}-\sqrt{75}+\sqrt{50}$

練習6の答え

① $2\sqrt{5}-4\sqrt{3}-5\sqrt{5}+12\sqrt{3}=-3\sqrt{5}+8\sqrt{3}$

② $\sqrt{48}+5\sqrt{3}=\underline{4\sqrt{3}}+5\sqrt{3}=9\sqrt{3}$

　　　　　$\sqrt{16\times 3}$

③ $2\sqrt{2}-4\sqrt{3}-\underline{\sqrt{75}}+\underline{\sqrt{50}}$

　　　　　　　　　$\sqrt{25\times 3}$　$\sqrt{25\times 2}$

$=2\sqrt{2}-4\sqrt{3}-\underline{5\sqrt{3}}+\underline{5\sqrt{2}}=7\sqrt{2}-9\sqrt{3}$

その7 平方根

平方根の四則

> 分母の有理化と√から一部出る場合を
> 見逃さないことが必要です。

たとえば

$$6\sqrt{5} - \frac{25}{\sqrt{5}} = 6\sqrt{5} - \frac{25 \times \sqrt{5}}{\sqrt{5} \times \sqrt{5}}$$

$$= 6\sqrt{5} - \frac{25\sqrt{5}}{5}$$

$$= 6\sqrt{5} - 5\sqrt{5} = \sqrt{5}$$

\有理化です/

$$\sqrt{3} \times \sqrt{15} + 4\sqrt{5}$$

$$= \sqrt{45} + 4\sqrt{5} = 3\sqrt{5} + 4\sqrt{5}$$

$\sqrt{9 \times 5}$

一部出る

$$= 7\sqrt{5}$$

練習7 計算してください。

① $\sqrt{2} \times \sqrt{6} - \sqrt{18} \div \sqrt{6}$

② $\sqrt{18} + \dfrac{3}{2\sqrt{2}}$

練習7の答え

① $\sqrt{2} \times \sqrt{6} - \sqrt{18} \div \sqrt{6} = \sqrt{12} - \sqrt{\dfrac{18}{6}}$

$= \sqrt{4 \times 3} - \sqrt{3} = 2\sqrt{3} - \sqrt{3} = \sqrt{3}$

② $\sqrt{18} + \dfrac{3}{2\sqrt{2}} = \sqrt{9 \times 2} + \dfrac{3 \times \sqrt{2}}{2\sqrt{2} \times \sqrt{2}}$

$= 3\sqrt{2} + \dfrac{3\sqrt{2}}{4} = \dfrac{12\sqrt{2}}{4} + \dfrac{3\sqrt{2}}{4} = \dfrac{15\sqrt{2}}{4}$

$3 = \dfrac{12}{4}$

CHAPTER 7

三平方の定理

その1 三平方の定理

$a^2 + b^2 = c^2$

直角三角形の3辺の長さの関係は
三平方の定理 $a^2 + b^2 = c^2$ で表されます。

■ 三平方の定理で辺の長さを求めましょう

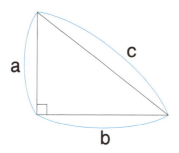

$a^2 + b^2 = c^2$

Cは斜辺です

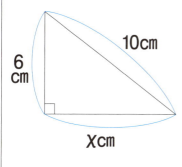

$6^2 + x^2 = 10^2$
$36 + x^2 = 100$
$x^2 = 100 - 36$
$x^2 = 64$

$x > 0$ だから
$x = 8$

CHAPTER 7　三平方の定理

その1 三平方の定理

$a^2+b^2=c^2$

練習1 xの値を求めてください。

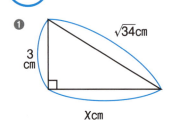

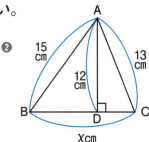

練習1の答え

❶ $3^2+x^2=(\sqrt{34})^2$
 $9+x^2=34$
 $x^2=34-9$
 $x^2=25$
  $x>0$だから
  $x=5$

❷ △ABDについて
 $12^2+(BD)^2=15^2$
 $144+(BD)^2=225$
 $(BD)^2=225-144$
 $(BD)^2=81$
  BD>0だから
  BD$=9$

 △ACDについて
 $12^2+(CD)^2=13^2$
 $144+(CD)^2=169$
 $(CD)^2=169-144$
 $(CD)^2=25$
  CD>0だから
  CD$=5$

 $x=$BD$+$CD$=9+5=14$

CHAPTER 8

2次方程式

その1 2次方程式を平方根で解く

2次方程式は $aX^2+bX+c=0$ ($a\neq0$)
Xの項(bX)がない場合は平方根で解くことができます。

たとえば
$X^2-5=0$ は

→ 移項

$X^2=5$
$X=\pm\sqrt{5}$

Xの項が
ありません

例題)
$\boxed{(X-3)}^2=6$ は
$\boxed{(X-3)}=\pm\sqrt{6}$

→ 移項

$X=3\pm\sqrt{6}$

( )²＝数字も
平方根で
解くことができます

練習1 次の2次方程式を解いてください。

① $x^2 - 25 = 0$

② $x^2 - 27 = 0$

③ $(x-4)^2 = 5$

練習1の答え

① $x^2 - 25 = 0$
$x^2 = 25$
$x = \pm 5$

② $x^2 - 27 = 0$
$x^2 = 27$
$x = \pm\sqrt{27} = \pm\sqrt{9 \times 3} = \pm 3\sqrt{3}$

③ $(x-4)^2 = 5$
$x - 4 = \pm\sqrt{5}$
$x = 4 \pm \sqrt{5}$

その2 2次方程式を因数分解で解く

2次方程式 | 2次方程式を解く場合、まず因数分解を考えます。

たとえば

$x^2 + 5x + 6 = 0$ は

$x^2 + 5x + 6 = 0$

足して$+5$　掛けて$+6$

足して$+5$、掛けて$+6$になる2数は

$+2$ と $+3$

$(x+2)(x+3) = 0$

↓

$x+2 = 0$ か $x+3 = 0$

↓

$x = -2, -3$

次の2次方程式を解いてください。

❶ $x^2+7x+6=0$

❷ $x^2-8x+15=0$

練習2の答え

❶ $x^2+7x+6=0$

足して 7　掛けて 6

$(x+1)(x+6)=0$
$x+1=0$ か $x+6=0$
$x=-1, -6$

❷ $x^2-8x+15=0$

足して -8　掛けて 15

$(x-3)(x-5)=0$
$x-3=0$ か $x-5=0$
$x=3, 5$

その3 2次方程式を解の公式で解く

2次方程式

2次方程式を解く際に、因数分解ができないときは解の公式を使って解きます。

解の公式とは

$ax^2 + bx + c = 0$

が因数分解ができないときは下記の解の公式を使います。

$$x = \frac{-b \pm \sqrt{b^2 - 4ac}}{2a}$$

たとえば

$2x^2 + 3x - 1 = 0$ は因数分解ができないので

解の公式を使います。

$ax^2 + bx + c = 0$ と
$2x^2 + 3x - 1 = 0$ を見比べて

a＝2 b＝3 c＝−1

$$X = \frac{-b \pm \sqrt{b^2 - 4ac}}{2a}$$ に当てはめて

$$X = \frac{-3 \pm \sqrt{3^2 - 4 \times 2 \times (-1)}}{2 \times 2}$$

$$X = \frac{-3 \pm \sqrt{9 + 8}}{4} = \frac{-3 \pm \sqrt{17}}{4}$$

練習3 次の2次方程式を解いてください。

❶ $X^2 + 3X - 3 = 0$

練習3の答え

❶ $X^2 + 3X - 3 = 0$
$a = 1, b = 3, c = -3$
$$X = \frac{-b \pm \sqrt{b^2 - 4ac}}{2a} = \frac{-3 \pm \sqrt{3^2 - 4 \times 1 \times (-3)}}{2 \times 1}$$
$$X = \frac{-3 \pm \sqrt{9 + 12}}{2} = \frac{-3 \pm \sqrt{21}}{2}$$

その4 2次方程式

2次方程式の文章題

2次方程式の文章題では求めるものを"x"とおき、問題文書きこみ方式で問題にメモをして"x"を求めたあと、適・不適の検討が必要です。

例題）ある正の数を2乗して4を引くと元の数の3倍になりました。ある正の数を求めてください。

求めるもの（ある正の数）を"x"とおいて、下記のように問題にメモ書きします。

ある正の数を2乗して4を引くと
　　x　　　　　x^2　　　x^2-4

元の数の3倍になりました。
　　　　3x

ある正の数を求めてください。

$x^2-4=3x$

書きこみから簡単に式が立てられます

$x^2 - 4 = 3x$ 移項

$x^2 - 3x - 4 = 0$

足して -3　掛けて -4

足して -3、掛けて -4 になる 2 数は

-4 と $+1$

2次方程式は まず因数分解

$(x - 4)(x + 1) = 0$

$x - 4 = 0$ か $x + 1 = 0$

$x = 4, -1$

このあと 適・不適をチェック！

x は正の数だから

$x = 4$ は適

$x = -1$ は不適

A． ある正の数は 4

その4 2次方程式の文章題

練習4

ある正方形の横を3cm長く、縦を2cm短くして長方形をつくったところ、長方形の面積は50cm²になりました。このとき元の正方形の1辺の長さを求めてください。

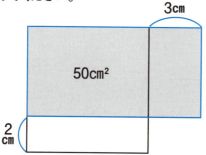

練習4の答え

求めるもの(元の正方形の1辺の長さ)を
xcmとおいて、次のようにメモ書きします。

ある正方形の横を3cm長く、縦を2cm
　　　　　　　　　(x+3)cm　　　(x−2)cm

短くして長方形をつくったところ、長
方形の面積は 50cm² になりました。このとき
(x+3)(x−2)cm²

元の正方形の1辺の長さを求めてください。
　　xcm

$(x+3)(x-2)=50$

$x^2-2x+3x-6=50$

$x^2+x-56=0$

$(x-7)(x+8)=0$

$x-7=0$ か $x+8=0$

$x=7, -8$

xは正の数だから

$x=7$ は適　$x=-8$ は不適

A. 元の正方形の1辺は7cm

2次方程式はまず因数分解

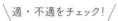

適・不適をチェック！

CHAPTER 9

比例

比例とは

その1 比例

**一方が2倍、3倍……となるとき、
他方も2倍、3倍……となる関係です。**

たとえば

1個90円のおにぎりを買うときの個数と代金の関係です。

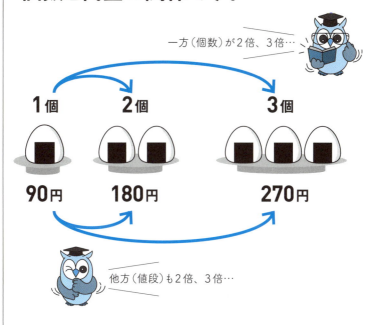

一方（個数）が2倍、3倍…

1個	2個	3個
90円	180円	270円

他方（値段）も2倍、3倍…

その1 比例とは

比例

練習1 表の空欄をうめてxとyが「比例する」「比例しない」のどちらかを答えてください。

❶ 200ページの本で x ページ読んだときの残りをyページとするとき

X (ページ)	10		30	
y (ページ)		180		160

❷ 縦が5cm、横が x cmの長方形の面積がycm²

X (cm)	5		15	
y (cm²)		50		100

練習1の答え

❶
X (ページ)	10	20	30	40
y (ページ)	190	180	170	160

A. 比例しない

❷
X (cm)	5	10	15	20
y (cm²)	25	50	75	100

A. 比例する

比例の式

比例すると言われたら
反射的に y＝aχ（aは比例定数）と書きます。

たとえば
1個90円のおにぎりを買うときの個数と代金の関係を個数から代金で見ます。

代金＝90×個数 になります。
代金を"y"　個数を"χ"とすると
y＝90χ

↑ここは、おにぎりが100円なら100といろいろです。

比例の式

そこで y が x に比例するとき

$$y = ax$$ 　a は比例定数

練習2 □をうめてください。

時速50kmで進む電車が
x時間に進む道のりをykmとすると

y = □ x

y が x に □ します。

練習2の答え

y = $\boxed{50}$ x

y が x に $\boxed{比例}$ します。

その3 比例

比例の文章題

y＝aXとおいて、与えられたXとyの値からaを決めます。

たとえば
3個195円のみかんは
8個でいくらでしょう。
個数をX、値段をyとすると

＼比例だから／

$$y = aX$$

yに195　　Xに3　を代入

$195 = a \times 3$

$a = 195 \times \dfrac{1}{3} = 65$

$y = aX$ に代入

そこで $y = 65X$ にX＝8を代入して

$y = 65 \times 8 = 520$（円）

その3 比例の文章題

練習3 4Lのガソリンで60km走る自動車があります。この自動車がxLでykm走るときにyをxの式で表してください。また、135km走るのに必要なガソリンは何Lでしょう。

練習3の答え

（走行距離）ykmは、（ガソリンの量）xLに比例するから

$$y = ax$$

yに60　xに4　を代入

4Lで60kmだから

$$60 = a \times 4$$

$$a = 60 \times \frac{1}{4} = 15$$

y＝axに代入

そこでy＝15x

yに135を代入して

$$135 = 15x$$

$$x = 135 \times \frac{1}{15} = 9$$

A.　y＝15x　9L

比例のグラフ

その4 比例

グラフは点をとって書きます。
原点(0,0)を通る直線になります。

たとえば **y=3xのグラフ**は

x	…	−1	0	1	…
y	…	−3	0	3	…

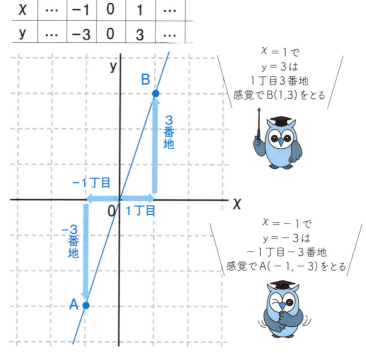

x=1で
y=3は
1丁目3番地
感覚でB(1,3)をとる

x=−1で
y=−3は
−1丁目−3番地
感覚でA(−1,−3)をとる

A点とB点を通る直線を書きます

その4 比例のグラフ

比例

練習4 次の比例のグラフを書いてください。

❶ $y = 2x$

❷ $y = -\dfrac{1}{2}x$

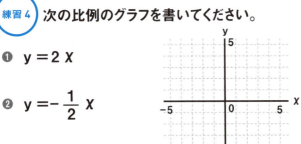

練習4の答え

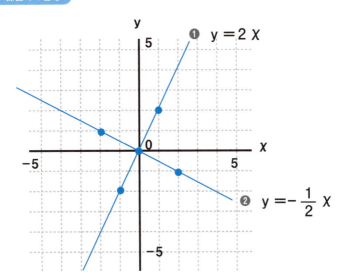

CHAPTER 10

反比例

その1 反比例

反比例とは

一方が2倍、3倍……となるとき
他方が$\frac{1}{2}$倍、$\frac{1}{3}$倍……となる関係です。

たとえば

メダル12枚を何人かで等分するときの人数と1人分の枚数の関係です。

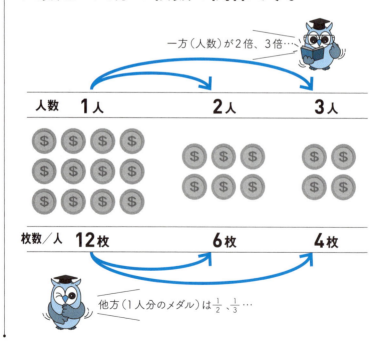

一方（人数）が2倍、3倍…

| 人数 | 1人 | 2人 | 3人 |

| 枚数／人 | 12枚 | 6枚 | 4枚 |

他方（1人分のメダル）は$\frac{1}{2}$、$\frac{1}{3}$…

練習1 表の空欄をうめてxとyが「反比例する」「反比例しない」のどちらかを答えてください。

❶ 面積48cm²の長方形の縦の長さをxcm、横の長さycmとするとき。

x (cm)	1	2		4
y (cm)	48		16	

❷ 20枚のコインをA君とB君で分けるときA君x枚、B君y枚。

x (枚)	1	2		4
y (枚)	19		17	

練習1の答え

❶
x (cm)	1	2	3	4
y (cm)	48	24	16	12

A. 反比例する

❷
x (枚)	1	2	3	4
y (枚)	19	18	17	16

A. 反比例しない

その2 反比例

反比例の式

反比例すると言われたら
反射的に $y=\dfrac{a}{x}$ （aは比例定数）と書きます。

たとえば

その1 反比例 でとりあげた12枚のメダルを
何人かで等分する問題で、
人数から1人分の枚数を考えると

人数	**1人**	**2人**	**3人**
	12枚/1人	12枚/2人	12枚/3人
枚数／人	**12枚**	**6枚**	**4枚**

1人分の枚数＝$\dfrac{12}{人数}$ です。

ここはメダルの枚数で変わります

1人分の枚数を"y"
人数を"x"とすると $y=\dfrac{12}{x}$

そこでxとyが反比例するとき

$$y = \frac{a}{x}$$ aは比例定数

練習2 □をうめてください。

道のり64kmを時速xkmで進むときにかかる時間をy時間とする。

時速 x (km)	1	2		
y (時間)			16	8

y = □   y が x に □ します。

練習2の答え

時速 x (km)	1	2	4	8
y (時間)	64	32	16	8

$y = \dfrac{64}{x}$ y が x に 反比例 します。

反比例の文章題

その3 反比例

$y=\dfrac{a}{x}$ とおいて、与えられたxとyの値からaを決めます。

たとえば

1日4Lずつ使うと24日使える量の油を1日にxLずつ使うとy日使えるとき、yをxの式で表してください。

$$y=\dfrac{a}{x} \text{ とおきます}$$

＼反比例だから／

yに24　　xに4　を代入

$$24=\dfrac{a}{4}$$

$$a=24\times 4=96$$

そこで

$$y=\dfrac{96}{x}$$

$y=\dfrac{a}{x}$ に代入

練習3 ある水槽に1時間に2Lずつ水を入れると、いっぱいになるまでに12時間かかりました。
この水槽に1時間にxLずつ水を入れるといっぱいになるまでy時間かかるとして、yをxの式で表してください。また1時間に3Lずつ水を入れるといっぱいになるまでに何時間かかるでしょう。

練習3の答え

(いっぱいになるまでの時間)y時間は、
(1時間に入れる水の量)xLに反比例するから

$$y = \frac{a}{x}$$

yに12　xに2　を代入

1時間2Lで12時間だから

$$12 = \frac{a}{2}$$

$$a = 12 \times 2 = 24$$

$y = \frac{a}{x}$ に代入

そこで $y = \frac{24}{x}$

xに3を代入して

$$y = \frac{24}{3} = 8$$

A. $y = \frac{24}{x}$ 、8時間

その4 反比例

反比例のグラフ

> グラフは点をとって書きます。なめらかな曲線になります。

たとえば $y=\dfrac{6}{x}$ のグラフは

x	-6	-3	-2	-1	1	2	3	6
y	-1	-2	-3	-6	6	3	2	1
	A	B	C	D	E	F	G	H

これらの点をとってなめらかな曲線で結びます

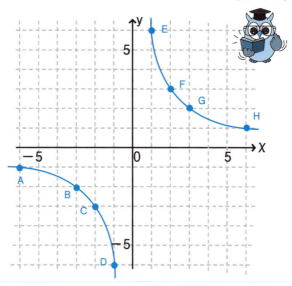

126

練習4　$y = -\dfrac{8}{x}$ のグラフを書いてください。

x	-8	-4	-2	-1
y	1	2	4	8

1	2	4	8
-8	-4	-2	-1

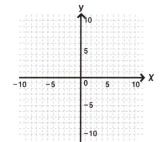

練習4の答え

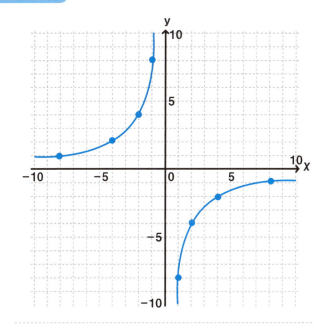

CHAPTER 10　反比例

CHAPTER 11

1次関数

その1 1次関数

1次関数とは

1次関数はy＝aX＋b (a≠0)と表されます。
aを「傾き」、bを「切片」と言います。

たとえば

y＝2X＋3は1次関数で
傾き(a)が2、切片(b)が3です。

※傾きは「変化の割合」ともいいます。

練習1 □をうめてください。

❶ y＝−4X＋8では [　　] −4、[　　] 8

❷ y＝14X＋8では、傾き [　　]、切片 [　　]

練習1の答え

❶ y＝−4X＋8では [傾き] −4、[切片] 8

❶ y＝14X＋8では、傾き [14]、切片 [8]

１次関数のグラフ

1次関数

比例・反比例と同様に点をとって書きます。

たとえば

$y=2x+1$ のグラフは
A($\underline{0}$,$\underline{1}$) B($\underline{1}$,$\underline{3}$) を通る直線です。

x	−1	0	1	2
y	−1	1	3	5

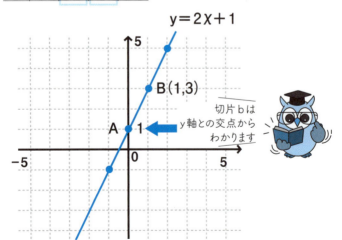

切片 b は y 軸との交点からわかります

練習2 $y=-2x-1$ のグラフを書いてください。

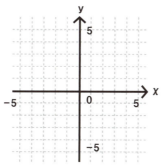

練習2の答え

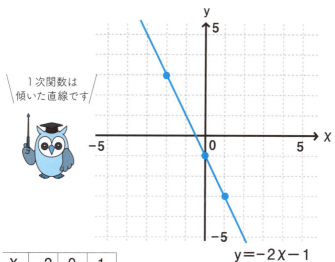

1次関数は
傾いた直線です

x	-2	0	1
y	3	-1	-3

傾きaを計算する

1次関数

xの増加量とyの増加量から傾き「a」がわかります。

$$傾き(a)_{(変化の割合)} = \frac{yの増加量}{xの増加量}$$

たとえば

xが2増加するとき、yが6増加

$$傾き(a) = \frac{yの増加量}{xの増加量} = \frac{6}{2} = 3$$

xが2増加するとき、yが4減少

$$傾き(a) = \frac{yの増加量}{xの増加量} = \frac{-4}{2} = -2$$

2点(1,2)(3,4)を通る

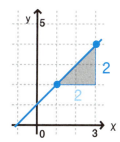

傾き(a) = $\dfrac{\text{yの増加量}}{\text{xの増加量}}$

$= \dfrac{4-2}{3-1} = \dfrac{2}{2} = 1$

練習3 □をうめて1次関数の傾きを求めてください。

A (□ , □)　B(□ , □)

傾き(a) = $\dfrac{\text{yの増加量}}{\text{xの増加量}}$

$= \dfrac{\Box - \Box}{\Box - (\Box)} = \Box$

練習3の答え

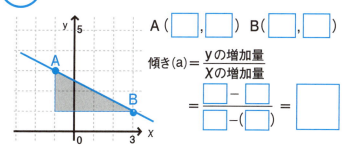

A (-1 , 3)　B(3 , 1)

傾き(a) = $\dfrac{1-3}{3-(-1)} = \dfrac{-2}{4} = -\dfrac{1}{2}$

その4 1次関数

1次関数の式を求める

1次関数ときたら「y＝aX＋b」とおいて
「グラフ上の点はグラフの式を満たす」をよく使います。

■ **グラフ上の点はグラフの式を満たすとは**

1次関数 y＝aX＋b が (2,3) を通る ならば

3＝2a＋b が成り立つ。

たとえば
2点 (2,4) (5,19) を通る直線
(1次関数) の式を傾きの計算と
「グラフ上の点はグラフの式を満たす」を
使って求めましょう。

1次関数 y＝aX＋b …❶ とおく 1次関数だから

(2,4) (5,19) より

傾き(a)＝ $\dfrac{yの増加量}{Xの増加量}$ ＝ $\dfrac{19-4}{5-2}$ ＝ $\dfrac{15}{3}$ ＝5

a=5 を ❶ に代入して
y=5X+b …❷
(2,4)を通るから 4=5×2+b
b=−6

グラフ上の点は
グラフの式を
満たす

b=−6 を ❷ に代入して
y=5X−6

練習4 次の1次関数の式を求めてください。

❶ グラフが点(8,4)を通り、傾きが $\frac{3}{4}$ の直線

❷ グラフが切片が−2で、点(3,7)を通る直線

練習4の答え

❶ y=aX+b とおく

1次関数だから

傾き a が $\frac{3}{4}$ だから y=$\frac{3}{4}$X+b

(8,4)を通るから 4=$\frac{3}{4}$×8+b

4=6+b   b=−2

求める1次関数は y=$\frac{3}{4}$X−2

❷ y=aX+b とおく
切片 b が−2 だから y=aX−2
(3,7)を通るから 7=3a−2

グラフ上の点は
グラフの式を満たす

−3a=−7−2   −3a=−9   a=3
求める1次関数は y=3X−2

CHAPTER 11　1次関数

その5 1次関数

2直線の交点を求める

交点の座標は代入法で求めます。

例題) 2直線 $y=3x+1$ と $y=-2x+6$ の交点は?

$y=3x+1$ …❶ $y=-2x+6$ …❷

❶を❷に代入

$y=\boxed{3x+1}$
↓
$y=-2x+6$

$3x+1=-2x+6$ 　移項

$3x+2x=6-1$

$5x=5$

$x=1$

これを❶に代入

$y=3×1+1=4$

交点は $(1,4)$

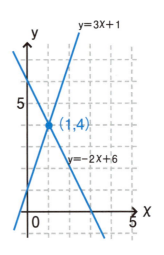

グラフを書けば納得!

練習5 2直線 y=−x+6 と y=3x−2 の交点Aの座標を求めてください。

練習5の答え

y=−x+6 ……❶
y=3x−2 …❷

❶を❷に代入

−x+6=3x−2   移項

−x−3x=−6−2
  −4x=−8
    x=−8×(−$\frac{1}{4}$)
    x=2

❶に代入

y=−(2)+6
y=4

A. 交点A(2,4)

CHAPTER 12

関数 $y = ax^2$

その1 関数 $y=ax^2$

$y=ax^2$ の a を求める

y が x の 2 乗に比例する関数 $y=ax^2$ の a の求め方は 1 次関数でも使った
「グラフ上の点はグラフの式を満たす」を使います。

例題） y は x の 2 乗に比例し(3,27)を通ります。
このとき y を x の式で表してください。

$y=ax^2$ …❶ とおいて y は x の 2 乗に比例するから

(3,27)を通るので
　x　y に代入

$27 = a \times 3^2$

$27 = 9a$

　$a = 3$ ❶に代入

　$y = 3x^2$

 グラフ上の点はグラフの式を満たす

その1 関数 $y=ax^2$

$y=ax^2$ の a を求める

練習1 y は x の2乗に比例し、$x=2$ のときに $y=-8$ です。このとき y を x の式で表してください。

練習1の答え

$y=ax^2$ …❶ とおいて

y は x の2乗に比例するから

$(2, -8)$ を通るので
(x, y に代入)

$-8 = a \times 2^2$
$-8 = 4a$
$a = -2$

グラフ上の点はグラフの式を満たす

❶に代入して
$y = -2x^2$

その2 関数 y=aX² のグラフ

**比例・反比例・1次関数と同様に
グラフは点をとって書きます。**

例題) $y=x^2$ のグラフを書いてください。

x	−2	−1	0	1	2
y	4	1	0	1	4
	A	B	C	D	E

これらの点をとってなめらかな曲線で結びます

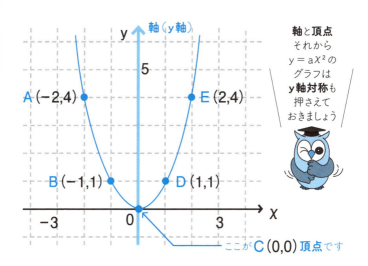

軸と頂点
それから
$y=ax^2$ の
グラフは
y軸対称も
押さえて
おきましょう

CHAPTER 12　関数 $y=ax^2$

その2 関数 $y=ax^2$

$y=ax^2$のグラフ

練習2 $y=-2x^2$のグラフを書いてください。

x	-2	-1	0	1	2
y					

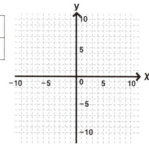

練習2の答え

x	-2	-1	0	1	2
y	-8	-2	0	-2	-8

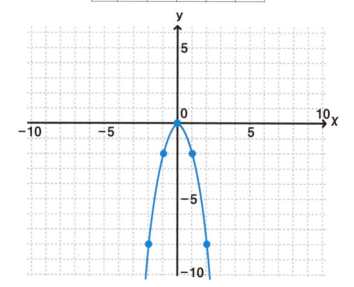

CHAPTER 13

おうぎ形の弧の長さと面積

その1 おうぎ形の弧の長さと面積

弧の長さと面積の計算

おうぎ形の面積 ＝ 円の面積 × $\dfrac{中心角}{360°}$ ｜ おうぎ形の弧の長さ ＝ 円周 × $\dfrac{中心角}{360°}$

たとえば

半径が5cm、中心角45°の
おうぎ形の面積と
弧の長さの求め方（円周率3.14）

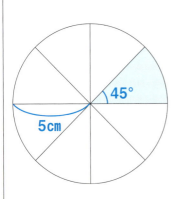

おうぎ形の面積 ＝ 円の面積 × $\dfrac{中心角}{360°}$

$= 5 × 5 × 3.14 × \dfrac{45}{360}$

$= 78.5 × \dfrac{1}{8} = 9.8125$

A. 9.8125cm²

おうぎ形の弧の長さ ＝ 円周 × $\dfrac{中心角}{360°}$ ＝ $5 × 2 × 3.14 × \dfrac{45}{360}$

$= 31.4 × \dfrac{1}{8} = 3.925$　　A. 3.925cm

図のおうぎ形の弧の長さと周りの長さ、面積を求めてください(円周率3.14)。

練習1の答え

$$弧の長さ = 円周 \times \frac{中心角}{360°} = 3 \times 2 \times 3.14 \times \frac{120}{360}$$
$$= 3 \times 2 \times 3.14 \times \frac{1}{3} = 6.28 \text{(cm)}$$

$$周りの長さ = 弧の長さ + 半径 \times 2$$
$$= 6.28 + 3 \times 2 = 12.28 \text{(cm)}$$

$$面積 = \frac{円の}{面積} \times \frac{中心角}{360°} = 3 \times 3 \times 3.14 \times \frac{120}{360}$$
$$= 3 \times 3 \times 3.14 \times \frac{1}{3} = 9.42 \text{(cm}^2\text{)}$$

CHAPTER 14

多角形の角

その1 多角形の角

多角形の内角と外角

n角形の内角の和は180°×(n−2)
n角形の外角の和は360°

■ 5角形の内角の和は

n角形は
(n−2)個の三角形に
分けられるので
内角の和は180°×(n−2)

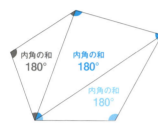

5角形は(5−2)=3個の
三角形に分けられます
180°×(5−2)=540°

■ 5角形の外角の和は

外角と内角の
和は180°です

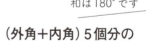

(外角+内角)5個分の
和は180°×5です

これから内角の和180°×(5−2)
を引くと外角の和です

外角の和＝180°×5−180°×(5−2)＝360°

n角形の外角の和も同じやり方です
外角の和 = 180°× n − 180°×(n−2) = 360°

CHAPTER 14　多角形の角

その1 多角形の内角と外角

多角形の角

練習1　❶では∠Xの大きさ、❷では内角の和と∠Xの大きさを求めてください。

❶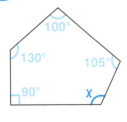

❷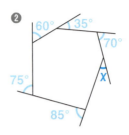

練習1の答え

❶ 5角形の内角の和は
180°×(5−2)＝540°
∠X＝540°−100°−130°−90°−105°＝115°

A．　115°

❷ 6角形の内角の和は
180°×(6−2)＝720°
外角の和は360°なので
∠X＝360°−70°−35°−60°−75°−85°＝35°

内角の和は720°
A．　∠X＝35°

CHAPTER 15

平行線と角

同位角・錯角は等しい

その1 平行線と角

平行線なら同位角・錯角は等しくなります。

■ 同位角は等しい

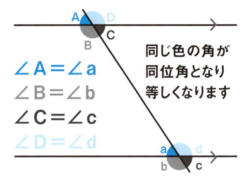

∠A＝∠a
∠B＝∠b
∠C＝∠c
∠D＝∠d

同じ色の角が同位角となり等しくなります

■ 錯角は等しい

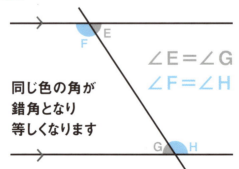

∠E＝∠G
∠F＝∠H

同じ色の角が錯角となり等しくなります

練習1 **m ∥ n のとき、∠a と∠b を求めてください。**
「∥」は平行を表す記号です。

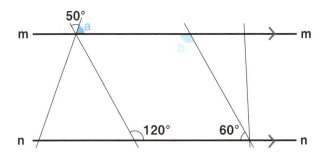

練習1の答え

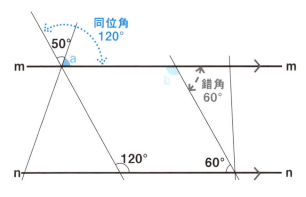

…は同位角120°なので
∠a = 120° − 50°
    = 70°

‒‒ は錯角60°
∠b = 180° − 60°
    = 120°

CHAPTER 15　平行線と角

その2 平行線と角

折れ線には補助線

平行線と折れ線がある場合、
平行線を補助線として書き入れます。

■ 補助線とは

例題）∠aの角度を求めるには？

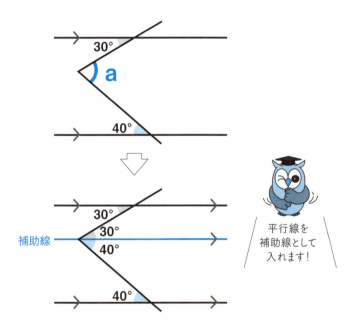

平行線を補助線として入れます！

∠a＝30°＋40°＝70°　と求めることができます

練習2 m ∥ n のとき∠xを求めてください。

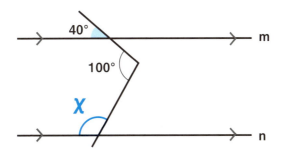

練習2の答え

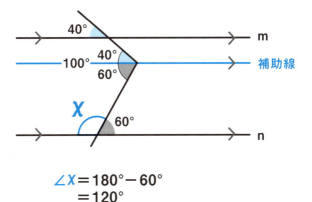

$$\angle x = 180° - 60°$$
$$= 120°$$

CHAPTER 16

二等辺三角形

その1 二等辺三角形

二等辺三角形は2辺が等しい三角形

> 底角が等しく、頂角の二等分線は底辺を垂直に二等分します。

2辺が等しい二等辺△

こんな性質があります

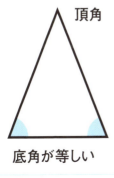

底角が等しい

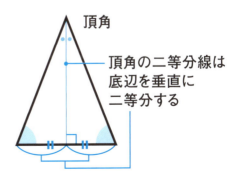

頂角の二等分線は底辺を垂直に二等分する

CHAPTER 16 　二等辺三角形

その1 二等辺三角形

二等辺三角形は2辺が等しい三角形

練習1 AB＝ACのとき∠Xを求めてください。

❶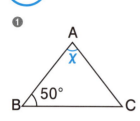
❷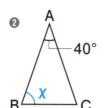
❸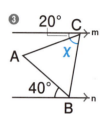

練習1の答え

❶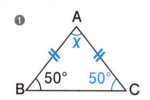

$\angle X = 180° - 50° - 50°$
$\quad\,\, = 80°$

❷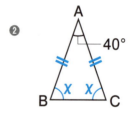

$\angle X + \angle X + 40° = 180°$
$\quad\quad 2 \times \angle X = 140°$
$\quad\quad\quad\quad \angle X = 70°$

❸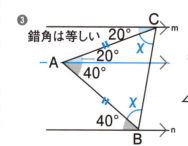

錯角は等しい

定番の補助線を入れます！

$\angle X + 20° + 40° + \angle X = 180°$
$\quad\quad\quad\,\, 2 \times \angle X = 120°$
$\quad\quad\quad\quad\quad \angle X = 60°$

CHAPTER 17

三角形の合同

その1 三角形の合同

共通な辺と角

合同の証明では、
問題文で「共通」や「対頂角」と言っていなくても、
常識として使えます。

■ 共通な辺

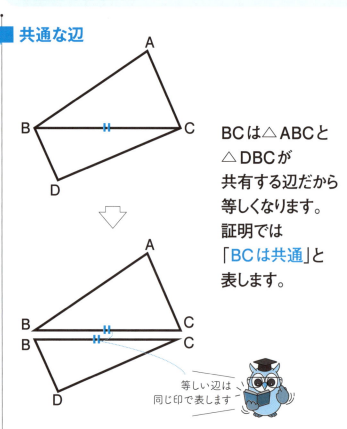

BCは△ABCと
△DBCが
共有する辺だから
等しくなります。
証明では
「BCは共通」と
表します。

等しい辺は
同じ印で表します

共通な角

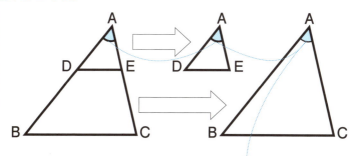

∠Aは△ADEと△ABCが共有する角だから等しくなります。
証明では「∠Aは共通」と表します。

等しい角は同じ印で表します

対頂角

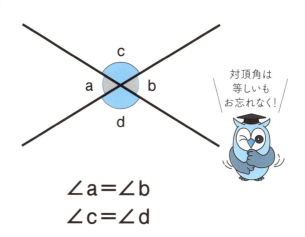

対頂角は等しいもお忘れなく!

∠a=∠b
∠c=∠d

三角形の合同条件

その2 三角形の合同

形も大きさも同じ図形は合同です。
三角形の合同条件は3つです。

■ 3辺がそれぞれ等しい

△ABC≡△DEF

『≡』は合同を表します

■ 2辺とその間の角がそれぞれ等しい

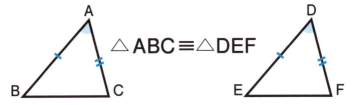

△ABC≡△DEF

■ 1辺とその両端の角がそれぞれ等しい

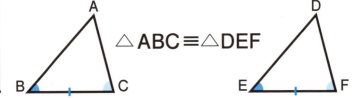

△ABC≡△DEF

練習1 □をうめてください。

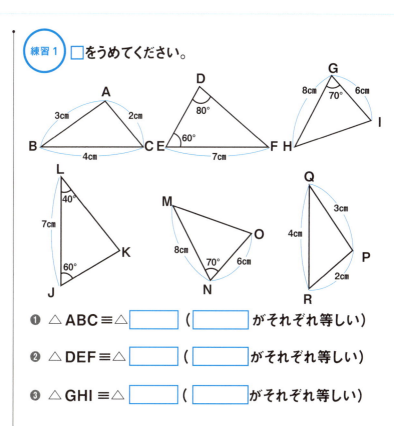

❶ △ABC ≡ △ □ (□ がそれぞれ等しい)

❷ △DEF ≡ △ □ (□ がそれぞれ等しい)

❸ △GHI ≡ △ □ (□ がそれぞれ等しい)

練習1の答え

❶ △ABC ≡ △ PQR (3辺 がそれぞれ等しい)

❷ △DEF ≡ △ KJL (1辺とその両端の角 がそれぞれ等しい)

❸ △GHI ≡ △ NMO (2辺とその間の角 がそれぞれ等しい)

その3 三角形の合同

三角形の合同の証明

仮定を図に書きこむ⇨共通・対頂角があれば書きこむ⇨
それを見て証明を書けば簡単です。

三角形の合同の証明手順

例題） AB＝CB、BDは∠ABCの
2等分線のとき（ならば）
AD＝CDを証明してください。

手順1 仮定を図に書きこむ

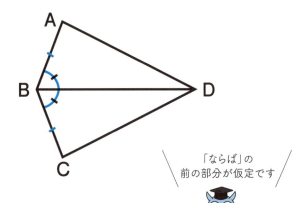

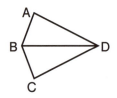

「ならば」の前の部分が仮定です

AB＝CB、
BDは∠ABCの2等分線のとき（ならば）
AD＝CDを証明してください。

手順2 共通を図に書きこむ

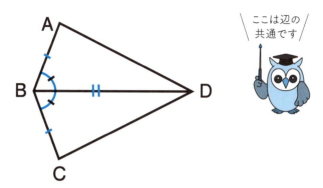

ここは辺の共通です

手順3 証明を書く

△ABDと△CBDについて
AB＝CB（仮定）、∠ABD＝∠CBD（仮定）、
BDは共通、
2辺とその間の角がそれぞれ等しいので
△ABD≡△CBD
合同な図形では対応する辺は等しいのでAD＝CD

その3 三角形の合同

三角形の合同の証明

練習2 下図で AB ∥ CD、OA＝OD ならば OB＝OC であることを証明してください。

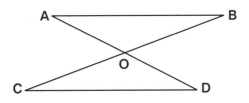

練習2の答え

手順1）仮定を図に書きこむ

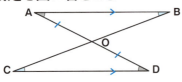

平行線の場合は同位角と錯角が等しいまでを仮定ととらえます

手順2）対頂角を図に書きこむ

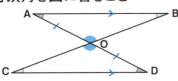

手順3）証明を書く

△AOBと△DOCについて
OA＝OD（仮定）
∠OAB＝∠ODC（AB ∥ CD 錯角）
∠AOB＝∠DOC（対頂角）
1辺とその両端の角がそれぞれ等しいので
△AOB≡△DOC
よってOB＝OC

手順2の図を見て書けば簡単

© CHAPTER 18

三角形の相似

三角形の相似条件

その1 三角形の相似

形が同じで大きさが違う図形は相似です。
2つの三角形が相似になるためには
3つの条件があります。

三角形の相似条件

相似条件1 3組の辺の比が等しい

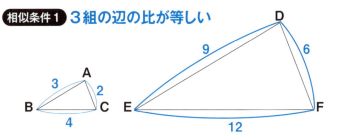

上の2つの三角形は
AB：DE＝AC：DF＝BC：EF（＝1：3）で、
3組の辺の比が等しいので相似です。
△ABC∽△DEF と表します。

∽は相似の記号です

相似条件2 2組の辺の比とその間の角が等しい

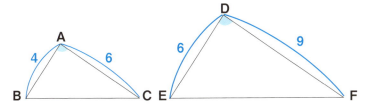

上の2つの三角形は
AB：DE＝AC：DF（＝2：3）
∠A＝∠D
2組の辺の比とその間の角が等しいので相似です。
△ABC∽△DEF と表します。

相似条件3 2組の角がそれぞれ等しい

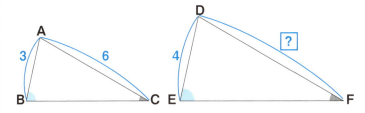

上の2つの三角形は∠B＝∠E、∠C＝∠F
2組の角がそれぞれ等しいので
△ABC∽△DEF
相似な図形の対応する辺の比は等しいので
AB：DE＝AC：DF
3：4＝6：DF
　DF＝8

その1 三角形の相似条件

三角形の相似

練習1 □をうめてください。

❶
(△ABC: AB=5cm, AC=6cm, BC=8cm)
(△DEF: DE=10cm, DF=12cm, EF=16cm)

□□□□ ので△ABC □ △DEF

❷
(図: AD=5cm, AB=3cm, BC=6cm, AE=10cm)

□□□□ ので △ABC □ △□

❸
(△ABC: ∠B=60°, ∠C=50°)
(△DEF: ∠E=70°, ∠F=50°)

□□□□ なので△□ □ △□

練習1の答え

❶ 3組の辺の比が等しい ので△ABC ∽ △DEF

❷ 2組の辺の比とその間の角が等しい ので
$\qquad$ △ABC ∽ △ADE

❸ 2組の角がそれぞれ等しい ので
$\qquad$ △ABC ∽ △EDF

その2 三角形の相似

三角形の相似の証明

仮定を図に書きこむ⇨共通・対頂角があれば書きこむ⇨それを見て証明を書けば簡単です。

■ 三角形の相似の証明の手順

例題) EC＝2AC、
DC＝2BCのとき(ならば)
△ABC∽△EDCを
証明してください

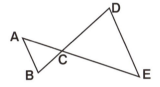

手順1　仮定を図に書きこむ

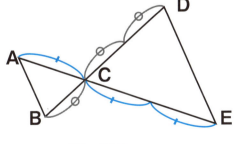

EC＝2AC、
DC＝2BCのとき(ならば)
△ABC∽△EDCを
証明してください

「ならば」の前の部分が仮定です

CHAPTER 18　三角形の相似

三角形の相似の証明

手順2 　対頂角を図に書きこむ

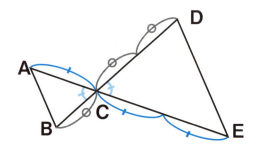

手順3 　証明を書く

△ABCと△EDCについて
AC：EC＝BC：DC＝1：2（仮定）
∠ACB＝∠ECD（対頂角）
2組の辺の比とその間の角が等しいので
△ABC∽△EDC

> **練習2** 下図でAB∥EDのとき△ABC∽△EDCを証明してください。またEDの長さを求めてください。

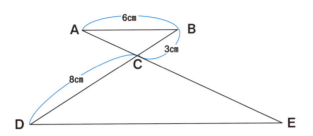

練習2の答え

手順1 仮定を図に書きこむ

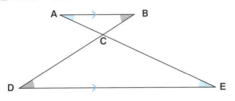

手順1 で相似条件が整いました。 **手順2** は不要。

手順3 証明を書く

△ABCと△EDCについて
∠A=∠E（AB∥ED 錯角）、∠B=∠D（AB∥ED 錯角）
2組の角がそれぞれ等しいので
△ABC∽△EDC
対応する辺の比は等しいので
BC：DC＝AB：ED
3：8＝6：ED
ED＝16（cm）

三角形の相似の証明

練習3 下図でAD＝6cm、AE＝5cm、AB＝10cm、AC＝12cmのとき△AED∽△ABCを証明してください。

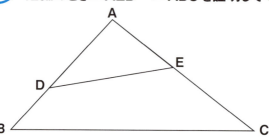

練習3の答え

手順1 仮定を図に書き込む

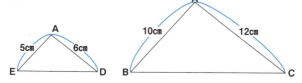

手順2 共通を図に書き込む

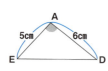
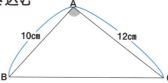

手順3 証明を書く

△AEDと△ABCについて
AE：AB＝AD：AC＝1：2（仮定）
∠EAD＝∠BAC（共通）
2組の辺の比とその間の角が等しいので
△AED∽△ABC

CHAPTER 19

円周角と相似

その1 円周角と相似

円周角の計算

弧の両端と円の中心を結べば中心角、
円周上の点を結べば円周角となります。

■ 円周角＝中心角の $\frac{1}{2}$

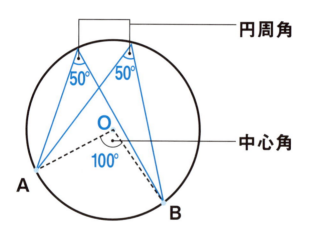

$\overparen{AB}$の円周角（50°）
＝
$\overparen{AB}$の中心角（100°）の $\frac{1}{2}$

同じ長さの弧に対する円周角は等しい

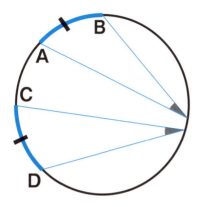

$\stackrel{\frown}{AB} = \stackrel{\frown}{CD}$ なら
2つの弧に対する
円周角は等しい

半円の弧に対する円周角は90°

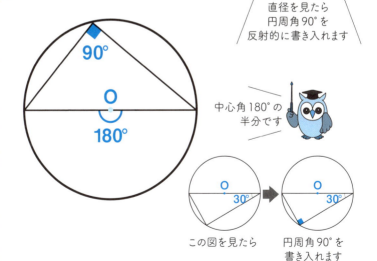

実践的には
直径を見たら
円周角90°を
反射的に書き入れます

中心角180°の
半分です

この図を見たら → 円周角90°を書き入れます

円周角の計算

練習1 ∠Xの角度を求めてください。

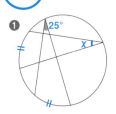
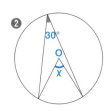
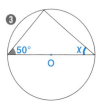
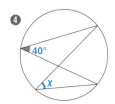
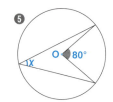
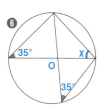

練習1の答え

① ∠X＝25°（等しい長さの弧の円周角）

② ∠X＝60°（中心角は円周角の2倍）

③ ∠X＝40°

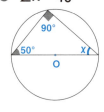

⑤ ∠X＝40°

⑥ ∠X＝55°

直径を見たら円周角90°です！

④ ∠X＝40°

円周角と相似の証明

その2 円周角と相似

「円周角を計算する」「等しい大きさの円周角を探す」
「直径を見たら90°」を書きこむ等、
円周角の知識と三角形の相似条件のコラボです。

円周角と相似の証明の手順

例題）A、B、C、Dは円周上の点で
ACとBDの交点をEとするとき（ならば）
△ABE∽△DCEを証明してください。

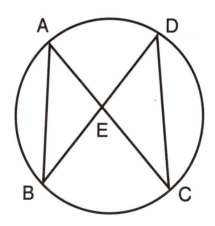

CHAPTER 19　円周角と相似

その2 円周角と相似の証明

手順1 仮定を図に書きこむ

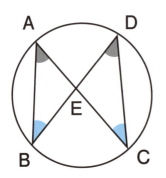

A、B、C、Dは円周上の点でACとBDの交点をEとするとき（ならば）△ABE∽△DCEを証明してください。

「ならば」の前の部分が仮定です

手順1 で三角形の相似条件が整いました。
手順2 は不要。

手順3 証明を書く

△ABEと△DCEについて
∠A＝∠D（$\stackrel{\frown}{BC}$に対する円周角）
∠B＝∠C（$\stackrel{\frown}{AD}$に対する円周角）
2組の角がそれぞれ等しいので
△ABE∽△DCE

練習2 Oは円の中心です。
∠AED＝90°のとき（ならば）
△ABC∽△EDAを
証明してください。

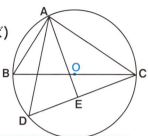

練習2の答え

手順1 仮定を図に書きこむ

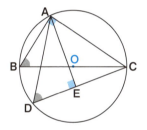

∠AED＝90°
BC直径→∠CAB＝90°
∠B＝∠D（$\overset{\frown}{AC}$の円周角）

「ならば」の前の部分が仮定です

手順1で三角形の相似条件が整いました。
手順2は不要。

手順3 証明を書く

△ABCと△EDAについて
∠AED＝90°（仮定）
∠CAB＝90°（BCは直径）
よって∠AED＝∠CAB
また、∠B＝∠D（$\overset{\frown}{AC}$の円周角）
2組の角がそれぞれ等しいので△ABC∽△EDA

CHAPTER 20

平行四辺形と証明

その1 平行四辺形と証明

平行四辺形の性質

平行四辺形は2組の対辺がそれぞれ平行な四角形で、3つの性質があります。

平行四辺形とは

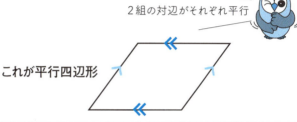

2組の対辺がそれぞれ平行

これが平行四辺形

性質1 2組の対辺がそれぞれ等しい

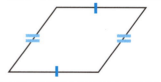

性質2 2組の対角がそれぞれ等しい

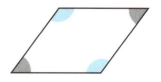

性質3 対角線がそれぞれの中点で交わる

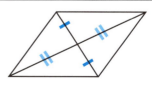

平行四辺形の性質

練習1 ▱ABCDで x、y の値を求めてください。

❶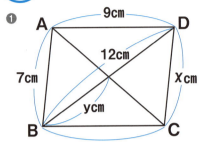

❷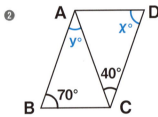

練習1の答え

❶ $x=7$ （**性質1** による）　$y=6$ （**性質3** による）

❷ $x=70$ （**性質2** による）
　$y=40$ （平行線なら錯角は等しい）

その2 平行四辺形と証明

平行四辺形が仮定なら
- 「2組の対辺がそれぞれ平行」(同位角・錯角は等しい)
- 「2組の対辺・対角がそれぞれ等しい」
- 「対角線がそれぞれの中点で交わる」

この中から使えるものを仮定として図に書きこみます。

例題) ▱ABCDでBE＝DFとなるように
点Eと点FをBC、AD上にとります(ならば)
△ABE≡△CDFを証明してください。

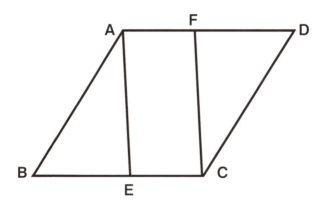

CHAPTER 20　平行四辺形と証明

その2 平行四辺形と証明

手順1 仮定を図に書きこむ

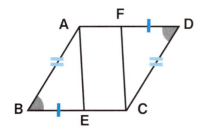

BE＝DFと平行四辺形の「2組の対辺と対角がそれぞれ等しい」を使いました

手順1 で合同条件が整いました。 手順2 は不要。

手順3 証明を書く

△ABEと△CDFについて
BE＝DF（仮定）
AB＝CD（▱の性質）
∠B＝∠D（▱の性質）
2辺とその間の角がそれぞれ等しいので△ABE≡△CDF

練習2 ▱ABCDの対角線BD上にBE＝DFとなるように2点E、Fを取るとき（ならば）AE＝CFとなることを証明してください。

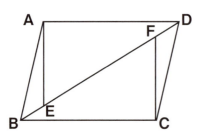

184

練習2の答え

手順1 仮定を図に書きこむ

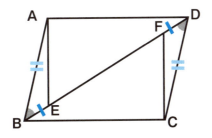

BE＝DFで
▱なら2組の対辺は等しい（AB＝CD）
▱なら2組の対辺は平行（AB∥CD）
⇩
錯角は等しい（∠ABE＝∠CDF）

手順1 で合同条件が整いました。**手順2** は不要。

手順3 証明を書く

△ABEと△CDFについて
BE＝DF（仮定）
AB＝CD（▱の性質）
∠ABE＝∠CDF（AB∥CD 錯角）
2辺とその間の角がそれぞれ等しいので
△ABE≡△CDF　ゆえにAE＝CF

CHAPTER 21

確率

1つのときの確率

その1 確率

確率は何回やって何回起こるのか、の割合です。

例題) 1枚のコインを投げるときに裏の出る確率は?

裏が出るのは2回やって1回だからその割合は $\dfrac{1}{2}$

これがコインを1枚投げるときに裏が出る確率です。

＼1枚のコインを
2回投げると
表が1回、裏が1回出る／

1つのときの確率

練習1 以下の問いに答えてください。

❶ 赤球4個と白球2個が入っている袋から1個取り出すとき、それが赤球である確率。

❷ 1つのサイコロを投げるとき、5以下の目が出る確率。

練習1の答え

❶ 赤球に❶❷❸❹、白球に⑤⑥と番号をつけます。6個取り出すと（❶❷❸❹⑤⑥）が出ます。この中で赤球は（❶❷❸❹）です。赤球が出る確率は6回取り出して4回だから $\frac{4}{6} = \frac{2}{3}$

❷ 6回投げると ⚀⚁⚂⚃⚄⚅ が出ます。
この中で5以下は ⚀⚁⚂⚃⚄ です。
5以下の目が出る確率は
6回投げて5回だから $\frac{5}{6}$

2つのときの確率

確率 その2

何回やって何回起こるのかを樹形図で調べます。

例題） 2枚のコインA、Bを同時に投げるとき、
2枚とも裏が出る確率は?

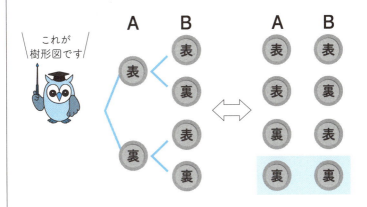

これが樹形図です

2枚のコインA、Bを同時に投げるとき、
2枚とも裏が出る確率は
4回やって1回だから $\dfrac{1}{4}$

その2 確率 — 2つのときの確率

練習2 以下の問いに答えてください。

❶ 2つのサイコロ A、B を同時に投げるとき、
目の数の和が7になる確率を求めてください。

❷ ②③④⑤ の4枚のカードから続けて2回取り出し
1回目に取り出した数を**十**の位
2回目に取り出した数を**一**の位とする
2桁の整数を作ります。
ただし1回目に取り出したカードは戻さずに
2回目のカードを取り出します。
このとき偶数になる確率を求めてください。

練習2の答え

❶ サイコロの目の出方の樹形図です

目の数の和が
7になる確率は
36回やって
(A, B) = (1,6)(2,5)
(3,4)(4,3)
(5,2)(6,1)
の6回だから
$\dfrac{6}{36} = \dfrac{1}{6}$

❷ 樹形図を書きます

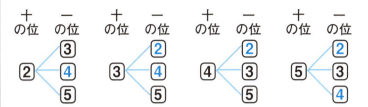

偶数になる確率は 12 回やって
②-④ ③-② ③-④ ④-② ⑤-② ⑤-④ の
6回だから
$\frac{6}{12} = \frac{1}{2}$

総仕上げテスト

どのくらい身についたか？
チェックしましょう

できるところは
自信を持ってください

できないところは
もう一度復習して完璧にしましょう

総仕上げテスト

その1 計算力チェック　　各2点×10問… □ 点

1 計算してください。
① $-2 \times 6 - 16 \div (-2) \times 3$
② $-2 \times 3 - (-4)^2$
③ $-7x + 9y - 6 + 2y + 3x - 8$
④ $-9b + 4a - 2(a - 3b)$
⑤ $\sqrt{3} \times \sqrt{6} - \sqrt{24} \div \sqrt{3}$
⑥ $\sqrt{27} - \dfrac{6}{\sqrt{3}}$

2 因数分解してください。
① $bcn - abm$
② $x^2 + 6x + 8$
③ $x^2 - 6x + 9$
④ $nx^2 - 9n$

その2 関数力チェック　　各3点×6問… □ 点

1 yとxが比例してx=3のときy=−12です。
このときyをxの式で表してください。
またx=−5のときのyの値を求めてください。

2 次の反比例の
グラフの式を
求めてください。

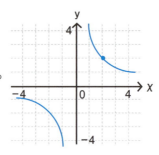

3 A(1,2)とB(4,8)を通る直線の式と
この直線とy=-2X+12の
交点の座標を求めてください。

4 yがX²に比例する関数でグラフが点(-3,27)を
通るとき、この関数の式を求めてください。

その3 方程式力チェック

1 各3点×4問
2～**4** 各4点×3問 … □点

1 方程式を解いてください。
① $9-4(X-3)=5$ ③ $X^2-3X-28=0$
② $3X+2y=5$ ④ $X^2+3X-2=0$
    $2X-y=8$

2 1200円を持って買い物に行き、ノート7冊と80円の鉛筆2本を買ったら、残金が200円になりました。ノート1冊はいくらでしょう。

3 AとBが合わせて76枚のコインを持っています。AがBに8枚渡したところ、Aの枚数がBの枚数の3倍になりました。AとBが初めに持っていたコインの枚数を求めてください。

4 ある正の数を2乗したら、元の数の8倍より33多くなりました。ある正の数を求めてください。

総仕上げテスト

その4 図形力チェック

各3点×11問…☐点

1 次のおうぎ形の周りの長さと面積を求めてください。
（円周率3.14）

2 ∠Xを求めてください。

①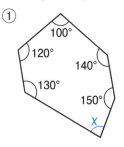

②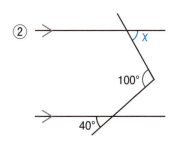

③ m∥n AB=AC

④ AB=CD

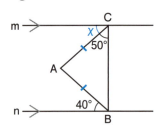

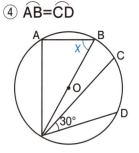

3 ▱ABCDで∠Xとyを求めてください。

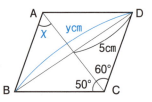

4 Xを求めてください。

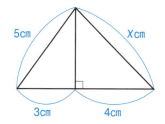

5 BDは∠CDAの2等分線で∠CAD=∠CBD
AD=BDのとき△AED≡△BCDを証明してください。

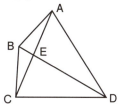

6 AB=12cm　AC=16cm　AD=9cmのとき
△ABD∽△ACBを証明してください。

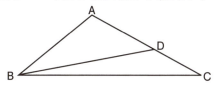

その5 確率力チェック

5点… □点

2つのサイコロを投げるとき、5以上の目が1つでも出る確率を求めてください。

総仕上げテストの解答

その1 計算力チェックの答え

① $-2 \times 6 - 16 \div (-2) \times 3 = -12 + 24 = \boxed{12}$

② $-2 \times 3 - (-4)^2 = -6 - 16 = \boxed{-22}$

③ $-7X + 9y - 6 + 2y + 3x - 8 = \boxed{-4X + 11y - 14}$

④ $-9b + 4a - 2(a - 3b) = -9b + 4a - 2a + 6b$
  $= \boxed{2a - 3b}$

⑤ $\sqrt{3} \times \sqrt{6} - \sqrt{24} \div \sqrt{3} = \sqrt{18} - \sqrt{\frac{24}{3}} = \sqrt{18} - \sqrt{8}$
  $= \sqrt{9 \times 2} - \sqrt{4 \times 2} = 3\sqrt{2} - 2\sqrt{2} = \boxed{\sqrt{2}}$

⑥ $\sqrt{27} - \frac{6}{\sqrt{3}} = \sqrt{9 \times 3} - \frac{6 \times \sqrt{3}}{\sqrt{3} \times \sqrt{3}}$
  $= 3\sqrt{3} - 2\sqrt{3} = \boxed{\sqrt{3}}$

2 因数分解してください。

① $bcn - abm = \boxed{b(cn - am)}$

② $X^2 + 6X + 8 = \boxed{(x+2)(x+4)}$

③ $X^2 - 6X + 9 = \boxed{(X-3)^2}$

④ $nX^2 - 9n = n(X^2 - 9) = \boxed{n(X+3)(X-3)}$

その2 関数力チェックの答え

1 $y = aX$ とおく
  $\underset{-12}{|} \quad \underset{3}{|}$

$-12 = 3a$

$a = -4$

$y = aX$ に代入して $\boxed{y = -4X}$

$X = -5$ を代入 $y = -4 \times (-5)$ $y = \boxed{20}$

2 $y = \dfrac{a}{x}$ とおく …❶
(2,2)を通るから
$2 = \dfrac{a}{2}$　$a=4$　❶に代入　$\boxed{y = \dfrac{4}{x}}$

3 $y = ax+b$ とおく …❶
傾き$a = \dfrac{8-2}{4-1} = 2$　❶に代入
$y = 2x+b$ …❷　(1,2)を通るから
$2 = 2\times 1 + b$　$b=0$　❷に代入　$\boxed{y=2x}$
直線の式$y=2x$を$y=-2x+12$に代入
$2x = -2x+12$　$4x=12$　$x=3$
$y=2x$に代入　$y = 2\times 3 = 6$
交点は $\boxed{(3,6)}$

4 $y = ax^2$ とおく
$27 = a\times(-3)^2 = 9a$　$a=3$　$\boxed{y=3x^2}$

その3 方程式力チェックの答え

1 方程式を解いてください。
① $9-4(x-3)=5$
　$9-4x+12=5$
　　　　$-4x=-16$
　　　　　$x=\boxed{4}$

総仕上げテストの解答

② $3x+2y=5$ …❶
$2x-y=8$ …❷

❶+❷×2

$$\begin{array}{r}3x+2y=5 \text{ …❶}\\ +)\ 4x-2y=16\text{…❷×2}\\\hline 7x\ \ \ \ \ \ \ =21\\ x=3\end{array}$$

❶に代入
$3×3+2y=5$
$y=-2$
A. $x=3\ \ y=-2$

③ $x^2-3x-28=0$
$(x-7)(x+4)=0$　$x=\boxed{-4, 7}$

④ $x^2+3x-2=0$
$x=\dfrac{-b±\sqrt{b^2-4ac}}{2a}=\dfrac{-3±\sqrt{3^2-4×1×(-2)}}{2×1}=\boxed{\dfrac{-3±\sqrt{17}}{2}}$

2 ノート1冊をx円とすると
$1200-7x-80×2=200$
$7x=840$
$x=120$　A. 120円

3 最初Aがx枚　Bがy枚持っていた
$x+y=76$…❶
$x-8=3(y+8)$　$x-3y=32$…❷

❶-❷

$$\begin{array}{r}x+\ y=76\\ -)\ x-3y=32\\\hline 4y=44\\ y=11\end{array}$$

❶に代入
$x+11=76$
$x=65$
A. A65枚　B11枚

4 ある正の数をX X²＝8X＋33
X²－8X－33＝0 (X－11)(X＋3)＝0
X－11＝0 か X＋3＝0 X＝11またはX＝－3
x＞0なのでX＝－3は不適
X＝11は適   A. ある正の数は11

その4 図形力チェックの答え

1 おうぎ形の周りの長さ＝$6 \times 2 \times 3.14 \times \frac{60}{360} + 6 \times 2 = \boxed{18.28 \text{ (cm)}}$

おうぎ形の面積＝$6 \times 6 \times 3.14 \times \frac{60}{360} = \boxed{18.84 \text{ (cm}^2\text{)}}$

2 ① 6角形の内角の和は180°×(6－2)＝720°
∠x＝720°－100°－120°－130°－140°－150°＝$\boxed{80°}$

② ∠x＝$\boxed{60°}$

③ m//n AB＝AC   ∠x＝$\boxed{40°}$

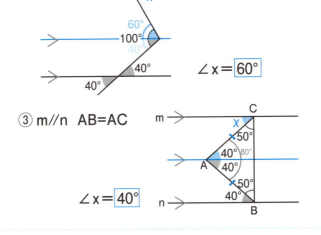

総仕上げテストの解答

④ AB=CD

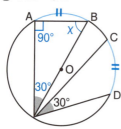

$\angle x = 180° - 30° - 90° = 60°$

A. $\angle x = 60°$

3 ▱ABCDで∠xとyを求めてください。

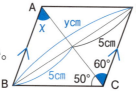

$\angle x = 60°$
$y = 5 \times 2 = 10$

A. $\angle x = 60°$ $y = 10$ (cm)

4 xを求めてください。

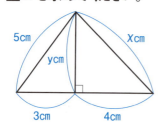

$3^2 + y^2 = 5^2$
$y^2 = 16$
$y > 0 \quad y = 4$
$4^2 + 4^2 = x^2$
$x^2 = 32$
$x = \pm\sqrt{32}$
$x > 0 \quad x = 4\sqrt{2}$

A. $x = 4\sqrt{2}$ (cm)

5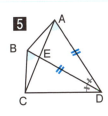

△AEDと△BCDについて
∠ADE＝∠BDC（仮定）
AD＝BD（仮定）
∠EAD＝∠CBD（仮定）
1辺とその両端の角がそれぞれ等しいので
△AED≡△BCD

6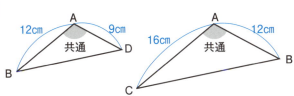

△ABDと△ACBについて
AB：AC＝12：16＝3：4
AD：AB＝ 9：12＝3：4
∠BAD＝∠CAB（共通）
2組の辺の比とその間の角が等しいので
△ABD∽△ACB

その5 確率力チェック

36回やって
20回起こるから
$\dfrac{20}{36}$＝$\boxed{\dfrac{5}{9}}$

総仕上げテスト 成績表

その1 計算力チェック □点／20点中

その2 関数力チェック □点／18点中

その3 方程式力チェック □点／24点中

その4 図形力チェック □点／33点中

その5 確率力チェック □点／5点中

総合成績 □点／100点中

著者紹介

間地 秀三（まじ しゅうぞう）
1950年生まれ。数学専門塾「ピタゴラス」主宰。長年にわたり小学・中学・高校生に基礎の総復習から受験対策まで数学の個人指導を行う。学校や大手塾の授業でつまずいた子どもたちでも、「苦手」を「得意」に変えられると話題の指導法で、地元関西の名門校を中心に数多くの教え子を合格に導く。その経験から生み出された短時間で簡単にわかる数学・算数のマスター法を数学書として多数発表し、子どもだけでなくその親や大人にまで好評を博する。
主な著書に『見るだけで頭に入る算数』『中学入試 見るだけで解き方がわかる受験の算数』（いずれも小社刊）、『大人のやりなおし算数』（宝島社）、『中学・高校6年分の数学が10日間で身につく本』（明日香出版社）ほか多数。

見るだけでストン！と頭に入る中学数学

2018年10月20日　第1刷
2021年 1月20日　第3刷

著　者　間　地　秀　三

発行者　小　澤　源　太　郎

責任編集　株式会社プライム涌光
　　　　　電話　編集部　03(3203)2850

発行所　株式会社青春出版社
東京都新宿区若松町12番1号☎162-0056
振替番号　00190-7-98602
電話　営業部　03(3207)1916

印刷・大日本印刷　　製本・ナショナル製本

万一、落丁、乱丁がありました節は、お取りかえします

ISBN978-4-413-11269-7 C0041
©Shuzo Maji 2018 Printed in Japan

本書の内容の一部あるいは全部を無断で複写(コピー)することは著作権法上認められている場合を除き、禁じられています。

できる大人の大全シリーズ

仕事の成果がみるみる上がる!
ひとつ上の エクセル大全(たいぜん)

きたみあきこ　　　　ISBN978-4-413-11201-7

「ひらめく人」の 思考のコツ大全(たいぜん)

ライフ・リサーチ・プロジェクト[編]　　ISBN978-4-413-11203-1

通も知らない驚きのネタ!
鉄道の雑学大全(たいぜん)

櫻田 純[監修]　　ISBN978-4-413-11208-6

「会話力」で相手を圧倒する
大人のカタカナ語大全(たいぜん)

話題の達人倶楽部[編]　　ISBN978-4-413-11211-6

できる大人の大全シリーズ

3行レシピでつくる おつまみ大全

杵島直美　検見﨑聡美

ISBN978-4-413-11218-5

小さな疑問から心を浄化する!
日本の神様と仏様大全

三橋健（監修）／廣澤隆之（監修）

ISBN978-4-413-11221-5

もう雑談のネタに困らない!
大人の雑学大全

話題の達人倶楽部［編］

ISBN978-4-413-11229-1

日本人の9割が知らない!
「ことばの選び方」大全

日本語研究会［編］

ISBN978-4-413-11236-9

算数・数学指導のカリスマ
間地秀三の「見るだけ」シリーズ

見るだけで頭に入る
算数

- □ なぜ、円の面積は「**半径×半径×3.14**」で求められるのか?
- □ 「**反比例する**」関係って、結局どういうこと?
- □ 「**つるかめ算**」を最も効率的に解くには?

→答えられない人でも、「図解」ならひと目でストン!

ISBN978-4-413-11165-2　本体1100円+税